DNAからの形づくり

情報伝達・力の局在・数理モデル

本多久夫［著］

コーディネーター　巌佐　庸

KYORITSU Smart Selection

共立スマートセレクション

41

共立出版

まえがき —DNA からの形づくり—

生物は増殖して生き続ける．増えることと生きること両方に必要な情報を担う分子が DNA である．増殖については，DNA が 4 種の文字で書かれた文章のようなもので，複製に適した分子構造であり，DNA の複製と生物体の増殖がつながるから納得がいく．しかし生物が生きる，言いかえれば生物に具体的な形ができてそれが活動することと DNA のつながりは，DNA を見ただけではすぐにはわからない．DNA から形ができる道筋はどこまでわかっているのか．生物学は急速に進んできたが，DNA から形までの道筋は，現在どのように理解されているのだろうか．

多細胞動物の形には，誰かが意図的につくったかのように見えるほど巧《うま》くできたところがある．このような形がどうしてできたかを理解したい．言うまでもなく，多細胞動物は細胞の集まりからできているから，構成単位である細胞の性質に基づいて全体を理解しようとするのはやってみる値打ちがある．このお手本は物理学にある．物理学では物体の形の理解は，原子や分子に基づいた数理的手法を使って大きく進歩した．これにならって我々はこれまでに，細胞集合体を細胞が集まってできた幾何学的な構造体と見なし，数理的手法を使う細胞モデルをつくっていくつかの多細胞体の形を理解してきた．これらの研究は “Mathematical models of cell-based morphogenesis” として書籍にまとめた [Honda & Nagai 2022]．この本では細胞が出発点であったが，本書ではさらに深めて，DNA から細胞にたどり着くまで，つまり DNA 情報から細胞を経由しての多細胞動物の形づくりについて議論する．それゆえDNAから始まる分子生物学・細胞生物学のうちで形の数理モデルに関連する事柄を第1章およびいくつかのBoxに記述している．この分野に精通しておられる読者や，まずは本書の内容を知りたい読者は第2章から読み進めて，必要に応じて第1章やBoxを参照してほしい．適宜，巻末の用語集も役立ててほしい．

これまで，形を数理的に扱うといいながら，実は2次元の模様を扱ってすませている研究が多かった．「パターン」という言葉は便利で，2次元の模様にも3次元の形にも使える言葉であるから，パターンと聞いて形を期待したのに内容は模様どまりだった，ということがよくある．本書では文字通り3次元空間での形の形成の理解をめざした．

本書の上梓にあたり，長年にわたり共同研究でお世話になっている種村正美・統計数理研究所名誉教授，長井達三・九州共立大学名誉教授に謝意を表したい．またこのような機会をいただき，コーディネーターとして貴重なサジェッションをいただいた巌佐庸・九州大学名誉教授に感謝の意を表したい．

2024年2月

本多　久夫

目　次

Box

1

DNAからの何が形をつくるか

ねらい　生物の形づくりの主要なプロセスは，遺伝子が決めていると考えられている．遺伝子の実体であるDNAの情報がどのように形に関わっているかを知るべく，分子生物学や細胞生物学が明らかにしてきたことを確認する．

1.1　DNA・mRNA・タンパク質

生物学でDNAの役割について多くの事柄が明らかにされてきたが，その中で形づくりに関わるものを考えたい．DNA情報はmRNA（メッセンジャーRNA）を介してリボソームに送られ，その情報に基づいてタンパク質が合成され，タンパク質がいろいろな機能を発揮する．これら数多くの機能のおおもとは**選別能**と**触媒能**である．タンパク質はアミノ酸が連なった鎖であり，長く連なった鎖は折りたたまれて丸まる．丸まった塊に特殊な部域ができる．たとえば，ポケットといわれるへこみである．タンパク質のポケットの形は，作用する分子のはまり込み具合のチェックに使わ

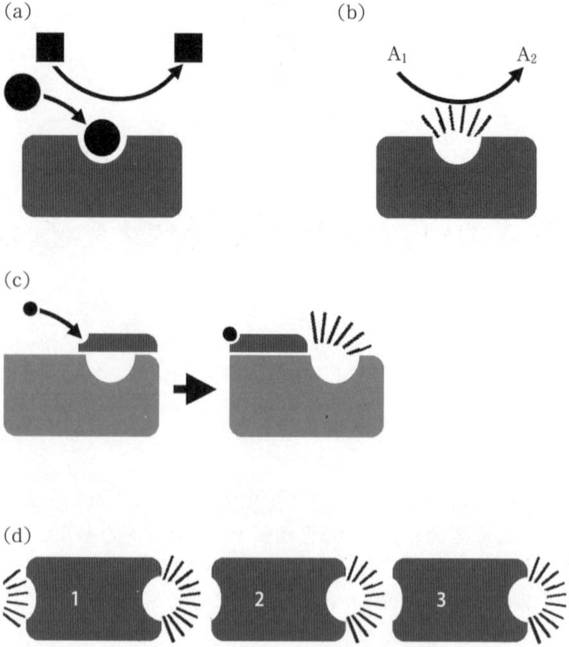

図 1.1　タンパク質の構造がもつ機能

(a) 選別能．■分子でなく●分子だけを選ぶ．(b) 触媒活性能．化学反応で A_1 が A_2 に変わる．(c) 活性有無のスイッチ機能．作用分子の働きにより活性部位が露出する．(d) シグナル活性の伝達．

れ，分子をえり分ける（**図 1.1**(a)）．分子を選ぶこのタンパク質の選別能はタンパク質の特異性とよばれている．また，タンパク質の活性部位とよばれる特殊な部域が触媒能をもち化学反応を進める（図 1.1(b)）．触媒作用は化学反応を速やかに進めたあと，自身は元に戻り次の機会に繰り返してまた同じ作用を行う．触媒作用は働いたからといって簡単には消耗しない．さらに，タンパク質の構造が変化しこれらの活性部位を露出するか（活性化），内に包み込むか（活性がない）の2つの状態をスイッチするものがある（図1.1(c)）．原子からできた物質にすぎないタンパク質がこのように，選択能や触媒能，スイッチ機能をもつのだ．

タンパク質にはこの他に多くのユニットが集合して，細胞骨格とよばれる長い繊維状の構造をつくるものがある．これが細胞の中で細胞の形や動きを支える骨格のように働く．細胞骨格には3つのタイプが知られている．その一つはアクチン・フィラメント（Fアクチン）である．これはアクチンとよばれる顆粒タンパク質が重合してできた繊維2本が，らせん状にからまったもので，直径は約8 nmである．Fアクチン繊維の両端にはそれぞれ区別があり，一方はプラス端とよばれ（反矢じり端，barb-endともよばれる），他方はマイナス端とよばれる．顆粒アクチンはFアクチンの端に一つひとつ重合するのだが，重合反応速度はプラス端の方がマイナス端よりも速い．細胞骨格の第二のタイプは微小管とよばれる．これも長い繊維状のもので，直径はFアクチンよりも太い．チューブリンとよばれる顆粒タンパク質が並んでできた中空の円筒で，円筒の直径は約25 nmである．細胞骨格の第三のタイプは，繊維の直径がFアクチン繊維と微小管繊維の中間のサイズで，中間径フィラメントとよばれる．中間径フィラメントは，タンパク質のアミノ酸の鎖が折りたたまれずに長く伸びたまま，鎖の何本かが束になった強靱な繊維で，ケラチン，ビメンチンなどいくつかの種類がある．

1.2 形づくりにおけるタンパク質の働き

選択能や触媒能をもつタンパク質や2状態間をスイッチするタンパク質，細胞骨格タンパク質は以下に述べるように生体内でなくてはならない働きをする［Alberts *et al*. 2022］.

1.2.1 物質の合成と分解

選別能をもったタンパク質がさらに化学反応の触媒作用をもったのが酵素である（図 1.1(a),(b)）．生物体は多細胞生物では，細胞と細胞外マトリクス (extracellular matrix: ECM) でできた物体であり，酵素であるタンパク質が物体を構成する物質（材料）を合成し，物体の形の形成やリモデリング（形のつくり変え）の際には物質の分解や新たな合成を行う．

また，触媒は物質の化学反応を進めるのだが，反応が終わったあとは元の状態に戻る．元に戻ると新たな物質に対してまた同じ反応を進めることができる．触媒が 1 つあればその繰り返し使用で，たくさんの反応生成物ができることになる．1.2.2 項で述べるように，生体はこの増幅作用をうまく使っている．

1.2.2 シグナルを伝える

触媒作用をもつ酵素タンパク質は物質の合成や分解だけでなく，その制御にも大きな役割を果たす．1 つのタンパク質に触媒活性をもつかもたないかの 2 状態があり，それらの間でスイッチすることで制御の素子として働く（図 1.1(c)）．

情報工学での話をする．一連の素子 A，B，C…があって，素子 A が活性化状態 A* になると，A* が B に作用して活性化状態 B* にするとする．次に B* が C に作用して…これが続く．活性ありなしを情報と見ると，これは情報が A から C に伝わる回路であり，シグナル経路とよぶ．このシステムからシグナルの増幅やフィードバック（負と正がある）による制御など単独の素子だけでは思いもよらない合目的的な，知的とも感じられる現象が生じる．工学の分野でない生物学でも，DNA からできた一群のタンパク質分子が組み合わさってこれとそっくりな現象が生じる．

リガンド分子などの作用を受け，潜在していた活性をあらわにして，自身が活性化状態になるタンパク質がある（図 1.1(c)）．このようなタンパク質はシグナルの伝達を行う．たとえばタンパク質 1 が特異的にタンパク質 2 を活性化し，タンパク質 2 がタンパク質 3 を活性化するような連なりの経路があると，最初にタンパク質 1 が受けたシグナルが次々にあとの経路のタンパク質に伝わる（図 1.1(d)）．このような経路の実例やそこから生じる生物体での働きについて述べよう．

増幅回路

1 つの酵素が活性状態と不活性状態という 2 つの状態をもつ．このような酵素がいくつかあり（A, B, C, ...），その酵素作用が順序立ってつながって，反応が次々に連鎖する場合を考えよう．はじめに不活性状態の A, B, C, ... が十分に用意されているとする（**図 1.2**(a)）．何かきっかけになるシグナルがあって，これにより酵素 A は活性化した A* に変わる．次に A* は，特異的に B を B* に活性化する．次に B* は C を C* に活性化する．C* は次に D を活性化する…．このように，いくつかの反応がリレーするシステムである．ここで各々の酵素の量を考えたとき興味深いことが起こっている．A は酵素であるから，触媒作用により 1 つの A が繰り返し働いていくつもの B を B* に活性化する．たとえば 1 個の A が 1 分間に 100 個の B を B* に活性化するとしよう．次に B* は C を C* に活性化する．1 つの B* がいくつもの C を C* に変えるのだが，B* は 100 個あるから，1 個の B* も A* と同じ効率で C を活性化するとすると 100×100，C* は 100^2 個できる．同じように考えると，D* は 100^3 個できることになる．不活性の A, B, C, D …の各分子が十分量用意されていると，はじめは小さなシグナルであっても分子数は

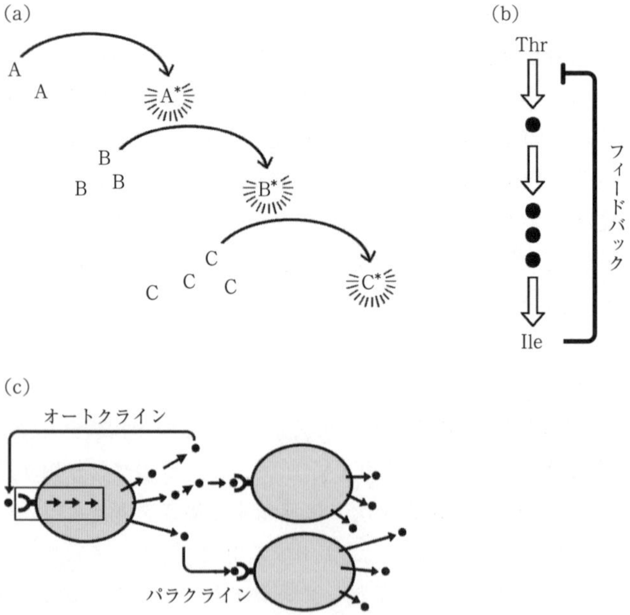

図 1.2　タンパク質の生体での働き

(a) 増幅．(b) 負のフィードバック．白い矢印：酵素，Thr：スレオニン，Ile：イソロイシン．(c) オートクラインとパラクライン．●：IFNα．矩形内の詳細は Box 1 に示す．

ものすごい数に増幅される．この増幅の実例として血液中にある凝固系とよばれるシステムが知られている．ケガなどの出血で血液が血管から外に出たとき，血管外の物質に触れた A からこの反応系がはじまり，何段階かの反応のあと多量の凝固物質（血餅）が生成され，これが血液を凝固し出血を止める．はじめはいくつかの分子が起こす少数個の分子レベルの反応であったのに，すぐに 10 の何乗個の分子でできた，目に見えるほど大きなスケールの凝固物質の塊になる．ここでの A はハーゲマン因子（第 XII 因子），最終段階はトロンビンで，これがフィブリノーゲンを不溶性のフィブリンに変え，凝固物質をつくる．ここでは，血液中の少数の分子のミクロの世界が，目に見える血餅という，マクロの世界につながることが実感できる．

フィードバック・ループ

アミノ酸のイソロイシン (Ile) の合成には，同じくアミノ酸であるスレオニン (Thr) から始まる一連の酵素反応を経てできる経路がある（図 1.2(b)）．この経路の最初の酵素（スレオニンデヒドラターゼ）は Thr に働き，Thr を中間生成物に変え，これに続く酵素が次の中間生成物を合成し…，これらのいくつかのステップを経て最終生産物である Ile が産生される．この経路の反応が続くと Ile は多量に蓄積される．この経路の最初の酵素（スレオニンデヒドラターゼ）は特殊な酵素で，Ile がこれに結合すると酵素の構造が変わり酵素活性が抑制される（これはアロステリック調節とよばれる）．Ile の蓄積が多量になると，Ile が酵素と結合し酵素活性を抑制する．このあと Ile が消費されて量が減ると，酵素に結合していた Ile がはずれ，酵素は活性を復活し Ile の合成を再開する．このように，反応の結果である Ile の作用がフィードバックして元の経路に働く．これを負のフィードバックループという．増えれば減らし，減れば増やす，これを繰り返して Ile の適切な量が維持される．このように，タンパク質の組み合わせだけで，合目的で一見知的とも見える経路ができる．

細胞外からのシグナル

Ile 合成系で働いた酵素（スレオニンデヒドラターゼ）は特殊なタンパク質であった．このタンパク質にリガンド (Ile) が働くとタンパク質の触媒活性が変化した．このようなタンパク質が細胞表面の細胞膜を貫通して細胞質側に届いていると，このタンパク質は細胞外からのリガンドをシグナルとして受け取るレセプターとなり，情報を細胞質内に伝える．これにより細胞内の反応がはじまり，細胞の働きが変わる．

たとえばウイルスの感染を受けた細胞からインターフェロン α (IFNα) が放出される．IFNα はウイルスの蔓延を阻止する分子である．IFNα を受けた細胞（図 1.2(c)）は細胞内にある図 1.1(d) で示すようなシグナル活性の伝達経路を経て情報が細胞核まで伝わる（ここで働く具体的な分子については **Box 1** 参照）．細胞核では転写を開始し，ウイルスの感染や増殖を防ぐいくつかのタンパク質を合成する．合成されるタンパク質にはリガンドであった IFNα も含まれている．この IFNα は近傍の細胞のレセプターに作用し，これがまた IFNα を産生するから（この作用をパラクラインという），付近は IFNα が高濃度な雰囲気となり，細胞のウイルス感染の蔓延を防ぐ．また，IFNα を放出した細胞にもその IFNα が再び受け取られ，さらに IFNα を産生する．この放出された IFNα が同じ細胞に受け取られることが繰り返されると正のフィードバックが起こる．この作用をオートクラインという．

Box 1　IFNα シグナルが細胞核に伝達される

レセプターが，細胞外からの IFNα（インターフェロン α）シグナルをリガンドとして受け，活性化される（図）．ここでの活性化とは，レセプタータンパク質の特別な位置にあるチロシン・アミノ酸がリン酸化され，レセプタータンパク質の構造が変わり，触媒作用の部域が露出することである．活性化されたレセプターはその細胞質側で結合している JAK (Janus kinase) タンパク質を活性化し，活性化された JAK

はレセプターに結合している STAT (signal transducers and activators of transcription) を活性化する．活性化された STAT はレセプターからはずれて 2 量体を形成して細胞核に移行し，転写を開始する．

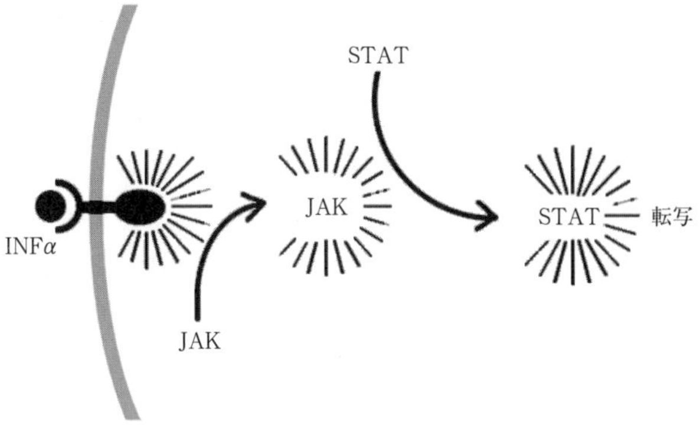

図　JAK・STAT 経路
リガンド (INFα) を受けて細胞核で転写が始まる．

低分子量 G タンパク質

リガンドを受けたレセプターがシグナルを発するのは，レセプタータンパク質が活性化しこれを次のタンパク質に伝えるからなのだが，この機構に GDP や GTP が結合するタンパク質が関与しているものが発見された．これは G タンパク質とよばれ，その多彩な役割が注目されるようになった．この G タンパク質には 3 量体からなる大きなもののほかに，1 量体の小さなタンパク質があり，これは低分子量 G タンパク質 (small G-protein) とよばれている．G タンパク質の活性化とは，GDP が結合していた G タンパク質が，GDP に代わって GTP が結合して活性をもつようになることである．G タンパク質 (GDP) → G タンパク質 (GTP) という反応を進める因子として GEF（guanine nucleotide exchange factor，GDP/GTP 交換因子）が存在する．これにより活性化された G タンパク質はスイッチがオンになり，いろいろなタンパク質を活性化して周辺の雰囲気を変えてしまう．またこれを鎮める因子として GAP (GTPase-activating protein) が存在し，これにより，GTP を加水分解して G タンパク質 (GTP) → G タンパク質 (GDP) の反応を起こして不活性にする．低分子量 G タンパク質として Ras タンパク質が早くから知られている（**Box 2** 参照）．Ras が変異して活性をもち続けるようなことが起こると，細胞が増殖し続け，ゆくゆくはがんに進むようなことも知られている．1.3.1 項で詳しく述べるが，本書でたびたび出てくる細胞の形態形成を指令する Rac1 や Cdc42，RhoA は低分子量 G タンパク質である．

Box 2 低分子量 G タンパク質 Ras から始まるシグナル経路

低分子量 G タンパク質 Ras（rat sarcoma virus から見つかった遺伝子およびタンパク質（低分子量 G タンパク質））は活性化されると，MAP 経路 (mitogen-activated protein) とよばれる経路をたどる（図）．活性化された Ras が Raf (MAP kinase kinase kinase) を活性化し，活性化した Raf は Mek (MAP kinase kinase) を活性化し，活性化した Mek は ERK (extracellular signal-regulated kinase; MAP kinase) を活性化する．活性化した ERK は広範囲にいくつかのタンパク質を活性化し，ま

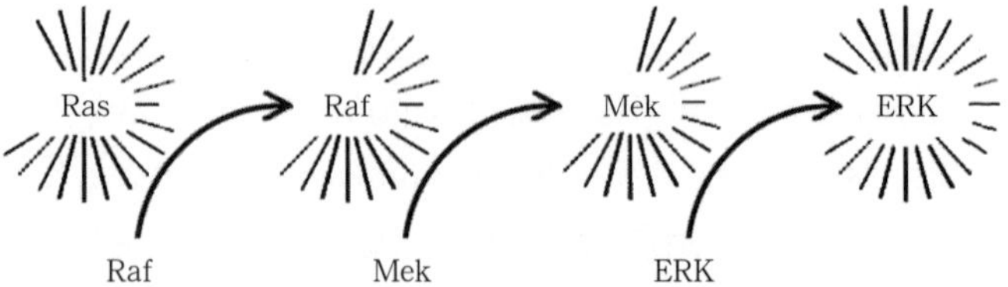

図　Ras から始まるシグナル経路

た核内に入って転写（mRNA 合成）を進めるなど周囲に大きな影響をもたらす.

1.2.3　力の生成

形をつくるに際して，押す力や引く力，材料を運送する力などが必要である．これらの力を生成する機構が知られており，これは細胞骨格関連の分子集合体が関与している．またこのような力が働くには，力に対応する支えが必要であるが，これも細胞骨格関連のタンパク質が担っている.

押す力による伸長

繊維状のＦアクチンはアクチン顆粒が重合し形成される．Ｆアクチンの端に新たなアクチン顆粒が重合してＦアクチンは伸長する．この伸長はフォルミン (formin) とよばれるタンパク質が効率よく進める（**図 1.3**(a)）．この伸長は，Ｆアクチンが重合によって長さを伸ばす力，すなわち押す力による．この力は「伸長」であり，次に述べるＦアクチンにミオシンが加わっての「収縮」の力とは対照的である．後ほど述べる細胞突起の伸長はこの押す力である．多細胞体においては周辺を押す力が生じることが細胞増殖などによりしばしば見られるのだが，ここでは細胞内の分子によって生じる力であり細胞数が増加しなくても生じる力である.

引く力による収縮

Ｆアクチンがミオシン・タンパク質と複合体をつくったものがアクトミオシンである．この複合体の中でミオシンは ATP エネルギーを消費してＦアクチンに沿って動く．ミオシンがモーター・

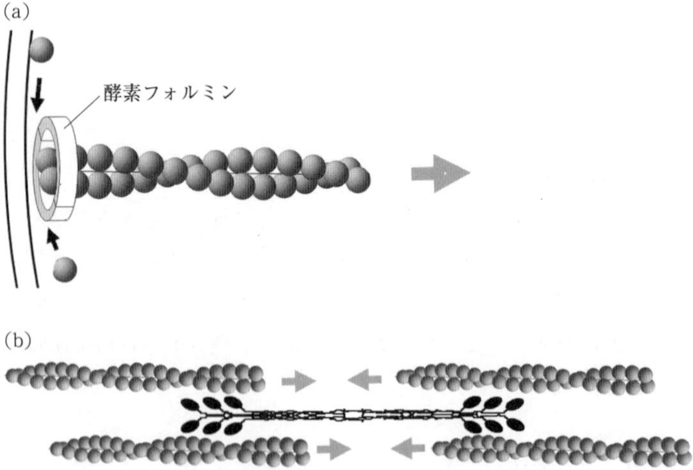

図 1.3　押す力と引く力

(a) F アクチンの伸長による押す力の発生．酵素フォルミン（リングで示す）により F アクチン末端にアクチン顆粒が重合して F アクチンは伸長する．(b) アクトミオシンの収縮による引く力の発生．F アクチンに沿ってミオシンが ATP エネルギーを消費しながら動き，複合体全体は収縮する．

タンパク質といわれる所以である．ミオシン・タンパク質は ATP を分解して力に変える酵素である．F アクチンとミオシンの配置が巧くなされていると，F アクチンの束の中でミオシンが動くことによりアクトミオシン全体が収縮する（図 1.3(b)）．骨格筋の F アクチンとミオシンの配置は古くから知られた例であり，筋肉は大きな収縮力を生じる．しかし細胞にはすべて，たとえ筋肉関連の細胞でなくてもアクチン・フィラメント（F アクチン）が存在する．分裂は細胞が必ずとる行動であるが，細胞の分裂時に現れる収縮環とよばれるリングは F アクチンとミオシンでできており，細胞膜に裏打ちし細胞膜を内側からすぼめ，ついには細胞を 2 つに分ける．また，植物細胞に見られる原形質流動は F アクチンとミオシン間の運動に起因することが知られている．

運搬する力

細胞骨格タンパク質の一つである微小管フィラメントに沿って，小胞などを運搬するタンパク質がある．ダイニン・タンパク質やキネシン・タンパク質である．これらは ATP 分解酵素の一種で，ATP エネルギーを使いながら移動する．ATP のエネルギーを力に変えるから，ミオシンと同様にモーター・タンパク質とよばれている．

1.2.4　構造を支える

力を支える繊維

細胞膜には細胞外のものと接着する，タンパク質でできた装置があり，その装置の細胞質側には接着力を支える繊維構造がある．細胞接着装置には 2 つのタイプがある．細胞側面で接している隣の細胞と接着する装置および細胞の底で ECM と接着する装置である．細胞間接着の強力なものにはアドヘレンス・ジャンクションやデスモゾームがあり，細胞底と ECM との接着にはヘミデスモゾームがある．接着の分子機構として詳しく知られているものにカドヘリンとよばれる接着タンパク質が知られているが，これについては 1.3.2 項で詳説する．これらの接着装置はいくつかのタンパク質の複合体であり，これが細胞間を力学的に支えている．一方，細胞内には強力な繊維構造があり，柔軟な細胞膜が外からの力で歪んでしまわないように支えている．たとえば，動物の皮膚の表皮細胞は動物体の表面を覆い，皮膚表面の表皮細胞の層は強く張りつめている．表皮細胞 1 個は隣接した細胞からデスモゾームを介して強く引っ張られている．個々の細胞内ではこの引っ張りに耐えるように繊維が張り巡らされている．この繊維に細胞骨格の一つ，中間径フィラメントに属するケラチン・タンパク質がある．この類の繊維状タンパク質は先にも述べた通りアミノ酸の鎖が折りたたまれずに線状のまま束になったもので，自身はほとんど収縮も伸長もしないで引っ張りの力に対応している．タンパク質にはこのように力に耐え，力を支えるものが存在する．

細胞膜の形を裏打ちするタンパク質

細胞膜の裏側にはＦアクチンの集積したマットが裏打ち構造として存在しているが，それ自身はほとんど定まった形をもたない層状の構造体である．ここに細胞膜を特定の曲率に固定するタンパク質が知られている．形を支えるタンパク質といってよいだろう．それはBAR（Bin-amphiphysin-Rvs167）ドメインとよばれる一群の脂質結合タンパク質で，ひとまとめにしてBARドメインスーパーファミリーとよばれている．BARドメインは細胞膜（脂質二重膜）の裏に結合し，細胞の内側にへこんだくぼみをつくる．このへこみは細胞膜が陥入して小胞をつくるときなどに現れる［Frost *et al*. 2009］．またこれとは別にI-BAR（inverse BAR）ドメインとよばれるものがあり，これは細胞表面に凸面をつくり，細胞膜が部分的に突起した形をつくる．たとえば糸状仮足とよばれるものがそうで，これについては1.3節で述べる．またクラスリンとよばれる３本脚のタンパク質でできた単位（clathrin triskelion）が集まってカゴをつくり，これが細胞膜の裏打ちとなって細胞膜の胞をつくるものがある．この他に，セプチンと総称されるGTP結合性タンパク質が知られている．これが重合してできたフィラメントは環やカゴをつくり，細胞膜裏打ちの骨組みになっている［Sirajuddin *et al*. 2007］．

1.3 力が形をつくる

形をつくる力について考える．特別な形ができるには，力が不均一で片寄りがなければならない．それには，はじめは均一で特徴のないところに何かの片寄りが生じる必要がある．この片寄りが力とつながったとき形になる．まずは細胞の中で起こること，次に多細胞体の中で起こることについて述べる［Alberts *et al*. 2022］．

1.3.1 1つの細胞の中で

分子がひとりでに片寄って集まる

分子の分布が，はじめは均一であった細胞の中で，片寄りが起こることがある．互いに排斥する 2 種の分子がある場合，2 種分子の分布は互いに反対方向に局在し，二極化して細胞に極性ができる（**Box 3** 参照）．たとえば，細胞膜にイノシトールリン脂質と総称されるリン脂質が存在するが，この中の PIP_3 とこれに作用する酵素 PTEN は互いに排斥し合い，細胞膜で PIP_3 領域が孤立してこの片寄りが細胞極性を形成する．さらにこの極性は細胞を特定の方向に動かすことがある．粘菌細胞では cAMP が誘引物質となって走化性を示すことが知られているが，ここに PIP_3-PTEN 極性が働いている．

Box 3 **細胞膜に特別な領域ができる**

細胞膜において PIP_3 と PTEN が互いに排斥し合う．この排斥のメカニズムを述べよう．PIP_3 (PI[3,4,5]P_3, phosphatidylinositol 3,4,5-trisphosphate) はイノシトールリン脂質で細胞膜に存在する．PTEN (phosphatase and tensin) は酵素であり，細胞膜にあるときは，PIP_3 を脱リン酸化して PIP_2 に変えてしまう．ところが PIP_3 は PTEN を細胞膜からはずす働きがある．このような分子が揃った細胞では，細胞膜の PIP$_3$ がたまたま多いところでは PTEN は少ない．また，細胞膜の PTEN が多いところでは PIP$_3$ は PIP$_2$ に変わってしまい PIP$_3$ は存在できない．結果として PIP$_3$ と PTEN が互いに排斥し合って細胞は極性をもつ [Shibata *et al*. 2012; Matsuoka & Ueda 2018].

粘菌細胞では，細胞がターゲットに向かって動く走化性とよばれる現象が知られている．PIP$_3$-PTEN の極性が細胞の動きにつながっていると考えられている．走化性のターゲットである cAMP（環状アデノシン 3',5'-リン酸）が細胞膜での PIP$_3$-PTEN に関わり [Postma *et al*. 2004], PIP$_3$ が Rac の GEF（GDP/GTP 交換因子：1.2.2 項）を介して Rac を活性化し，葉状仮足が形成されて（1.3.1 項）細胞が cAMP のある方向に動く [Hill *et al*. 2005].

また，はじめは特別な方向性（極性）をもたない細胞に Par (partitioning defective protein) 3, Par6, aPKC (atypical protein kinase C) などのタンパク質を異所的に発現させる実験がある．Par3 の発現を強くすると，細胞表面にドット状のものができ，これが融合し合って島状の領域になり，島が分裂・融合を繰り返し，ついには細胞表面の片側に島が片寄って集まり，他方とは異なる領域になる．こうして Par3-Par6-aPKC 複合体は自発的に細胞の一方向に片寄り維持されることが知られている [Kono *et al*. 2019].

このような細胞の中で互いに異なるものが配置される現象があると，この不均一配置が力とつながり，細胞は形を変えたり，特別な方向に動き出したりすることがある．

細胞の中のパーツ

細胞には独特の構造がいくつかあり，これらが細胞のパーツとなって機能している．ここでは，これらのパーツのうち細胞の運動や動きの支えなど力に関連する糸状仮足と葉状仮足，接着斑（フォーカルコンタクト）について述べる．それぞれのパーツにはFアクチンやそれを修飾する酵素が含まれており，これらを統合して支配するものがある．低分子量Gタンパク質がそれで，以下に述べるように，活性化スイッチを入れたり切ったりしながら巧妙に働く[Olson *et al*. 1995].

• 糸状仮足 (filopodia)：細胞から突き出ている突起で，細胞膜でできた細長いチューブである．チューブの中にはFアクチンの束がプラス端を先にして配列し，先は突起の先端の細胞膜にまで達している．ここにフォルミン・タンパク質があって（図1.3(a)）そこでアクチン顆粒の重合が起こり，重合によって押し出しの力が生じ突起は伸長する．糸状仮足形成には細胞膜裏側で低分子量Gタンパク質であるCdc42 (cell division control protein 42 homolog) が働いている．Cdc42が活性化されると，これがさらに周りのCdc42を活性化して活性化Cdc42の集まりができ，これが介在するタンパク質の活性化を経てフォルミンなどの実働タンパク質を働かせる．

• 葉状仮足（波打ち膜，lamellipodia)：細胞端から伸展する層状の構造体で，中ではFアクチンが分岐体や網目となって層内に広がっている．分岐ができるのはFアクチンのフィラメントの途中にArp (actin-related protein) 複合体があって（**図1.4**(a))，ここが分岐点となってFアクチンが側枝として伸びるからである（Arp複合体はArp2やArp3などいくつかのタンパク質からなる複合体である)．また，平面に広がった分岐体の枝同士が交叉するところではフィラミン (filamin) というタンパク質により架橋が形成され(図1.4(b))，分岐パターンが網目パターンになり，まとまった構造体となる．葉状仮足はこの網目を包む細胞膜であり，波打ちながら

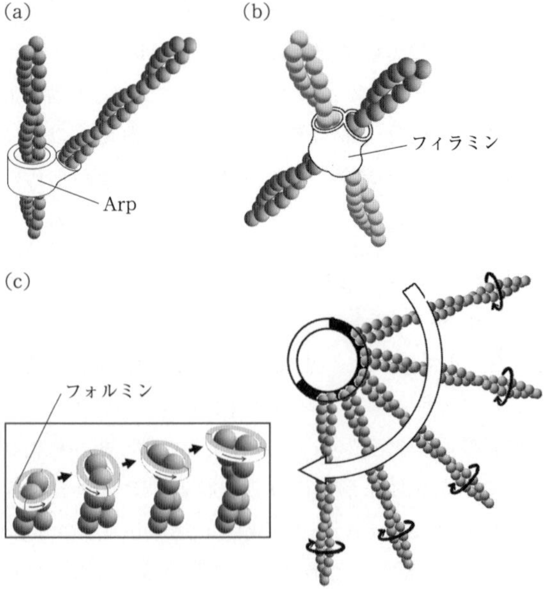

図 1.4　F アクチンに結合するタンパク質

(a) Arp2/3．F アクチンに分岐をつくる．(b) フィラミン (filamin)．交叉する F アクチンに架橋をつくる．(c) フォルミン (formin)．フォルミンは F アクチン伸長時に F アクチンに対して回転する（矩形で囲った挿入図）．図 1.3(a) を参照．フォルミンが動かないと F アクチンが回転する．放射状に配置した F アクチンは回転の流れ（キラルな動き）をつくる [Middlekoop *et al*. 2021 より]．

広がる．葉状仮足形成は低分子量 G タンパク質である Rac1 が指令している．Rac1 によっていくつかのタンパク質が活性化されこれが連鎖し，Arp 複合体を活性化し，Arp 複合体は F アクチンの繊維に付着しそこに F アクチンの分岐を形成する．

• 接着斑：パーツとしてもう一つ**支え構造**として働くものがある．細胞膜にある接着斑とストレスファイバーである．接着斑は接着分子であるインテグリンを介して細胞外の ECM とつながっている．また，接着斑は細胞内側で，F アクチンとミオシンからなるアクトミオシンでできたストレスファイバーと強力につながっており，低分子量 G タンパク質である Rho が収縮力を強めている．活性化 Rho がアクトミオシンの収縮を強める経路はいくつか知られている．1 つは Rho がフォルミン活性を強めアクチン顆粒の F アクチンへの重合を進め，F アクチンを増やす経路である．また **Box 4** で述べるように，活性化した Rho がミオシン II を増強し収縮を強めることが知られている．

Box 4　活性化した Rho がアクトミオシンの収縮を強める

活性化した低分子量 G タンパク質 Rho が ROCK (Rho-associated kinase) を活性化し（図），ROCK（キナーゼ，リン酸基転移酵素）がミオシン軽鎖 (myosin light chain: MLC) をリン酸化し pMLC をつくり，

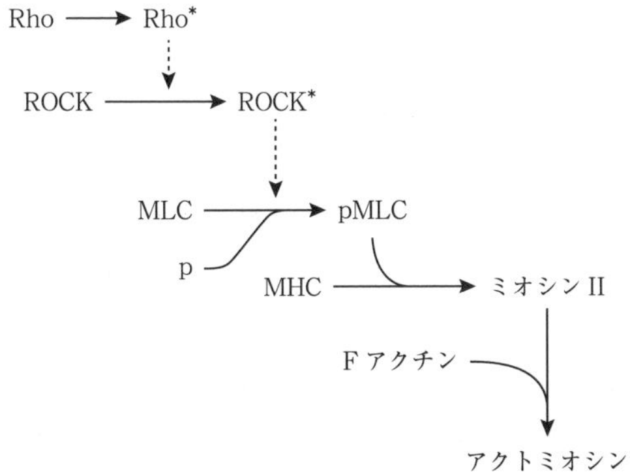

図　Rho の活性化アクトミオシンの収縮

低分子量 G タンパク質 Rho の活性化により，アクトミオシンの収縮力が発生する．活性化されたタンパク質を＊で表す．Rho: Ras 類似タンパク質，Ras: rat sarcoma virus から見つかったタンパク質，ROCK: Rho-associated kinase，p: リン酸化，MLC: ミオシン軽鎖，MHC: ミオシン重鎖．

pMLC はミオシン重鎖 (myosin heavy chain: MHC) と結合してミオシン II を完成する．ミオシン II は F アクチンとアクトミオシン複合体をつくり強力な収縮を実現する．

パーツが組み合わさって細胞が動く

以上で述べたようなパーツがそれぞれ細胞内の異なるところで働くと，細胞内に方向性（極性）が生じる．細胞に極性ができる例の一つは上皮細胞の頂底極性（頂端–基底の極性形成，apicobasal polarity）であるがこれは 4.4 節で詳しく述べる．ここでは，もう一つの興味深い極性である 1 つ細胞の一方向への動き，すなわち細胞に前後の区別ができることについて述べる．

細胞のパーツそれぞれが活性をもって働き，細胞は形を変えて動く．細胞の片方の端に糸状仮足や葉状仮足ができ，この細胞端は外方向へ伸びる．このときこれに対して接着斑があり，そこで細胞が外と固定されていると，細胞は長く変形する．また，ここで接着斑の解離・結合があると細胞は移動する．

低分子量 G タンパク質がこれに深く関わっている．葉状仮足を進める Rac1 とアクトミオシンの力を強める RhoA の 2 つの低分子量 G タンパク質は細胞内で互いに排斥し合い，両者はそれぞれ細胞の反対の端に位置するようになり，細胞の方向性のある動きを司る．Rac1 と RhoA が互いに排斥し合う機構については **Box 5** で述べる．Rac1 近傍の RhoA 活性は抑えられ，なおかつ RhoA 近傍の Rac1 活性は抑えられ，Rac1 と RhoA は互いに遠ざかり細胞の両端に位置するようになる．

Box 5　低分子量 G タンパク質 Rac1 と RhoA が互いに排斥し合う仕組み

Rac1 も RhoA も共に相手の活性を抑えることで互いの排斥が起こる．Rac1 が RhoA を抑える 2 通りの経路が知られている．活性化した Rac1 は，タンパク質キナーゼである PAK (protein kinase) を活性化する．PAK はタンパク質をリン酸化する酵素であり，ここではキナーゼ酵素である MLCK (myosin light-chain kinase) をリン酸化することで MLCK 活性を抑制する．MLCK（キナーゼ）が働かないので MLC はリン酸化されない．ミオシン II の活性は抑えられアクトミオシンの収縮は弱まる．RhoA はアクトミオシン収縮を強める因子であるから，Rac1 により RhoA 活性は抑えられたことになる．RhoA の働きを抑えるもう一つの経路について述べる．活性化された Rac1 により活性化された PAK は，直接 MHC をリン酸化することでミオシン II が働かなくなり，アクトミオシンの収縮活性を抑える [Dulyaninova *et al*. 2005]．これによっても Rac1 が RhoA を抑えたことになる．

一方，RhoA が Rac1 を抑えるのは，RhoA がフィラミン（交叉した F アクチン同士を架橋するタンパク質．図 1.4(b)）の GAP として働き，フィラミンの活性は抑えられ，フィラミンが行う架橋形成は抑制され，これにより Rac1 が進める F アクチンの網目形成が抑えられるからである [Ohta *et al*. 2006]．このようにして，Rac1 近傍の RhoA 活性は抑えられ，これに加えて RhoA 近傍の Rac1 活性は抑えられ，Rac1 と RhoA の働きは互いに遠ざかり細胞の両端に位置することになる．

細胞がキラルな性質をもつ

細胞の方向性のある動きについて述べた．これに加えて細胞が自分で回転するという，もう一つの運動が明らかになっている．細胞の培養皿上での回転には時計回り・逆時計回りの 2 方向がある．これはキラルとよばれる性質に属する（キラルな動きとは，元の動きのパターンとその鏡像の動きのパターンが重なり合わない動きのことで，化学の分子構造論の鏡像異性体から派生した概念である）．細胞が自分でこのような回転運動を行う．これが起こる機構は何だろうか．またこの回転方向は何が決めるのだろうか．

この問題にはまだ明確な答えはないのだが，細胞骨格，特にＦアクチンが線形に重合したアクチン顆粒の右巻きらせんであることから，これを手がかりとしていくつかの機構が調べられている．Ｆアクチンに沿ってモーター・タンパク質であるミオシンは動くのだが，あるタイプのミオシン（ミオシンIV）はＦアクチンの周りをまっすぐでなく右巻きらせんで進むことが知られている [Yusuf Ali *et al*. 2004]．また，ミオシンが２本のＦアクチンをまたいで動くときにこの構造体にトルク（ねじりモーメント．回す力）が生じ，回転することが知られている [Fürthauer *et al*. 2013; Naganathan *et al*. 2014; Tjhung *et al*. 2017]．

さらには，ミオシンばかりではなく，フォルミンがＦアクチンの周りを回転することが知られている（図 1.4(c) 左図）．フォルミンはＦアクチンの端でアクチン顆粒の重合を進め，Ｆアクチンを伸長させ押し出す力を発すると述べた（本項）．Ｆアクチンは２本のアクチン重合体でできた右ねじれのらせん体であるから，ここにフォルミンが二量体として働くと，アクチン顆粒はＦアクチン軸の周りをわずかに回転してずれながら積み重なって重合する．フォルミンはＦアクチンに対して前の重合のときの位置よりも少し回転する [Mizuno *et al*. 2011]．この回転方向はＦアクチンのらせんの巻き方向で決まる．仮にフォルミンが動かないとすれば，Ｆアクチンが回転することになる．このような動きは細胞内でのキラルな動きの原因である可能性がある．たとえば放射状に並んだＦアクチンの配列があれば，図 1.4(c) 右図に示すような回転の流れが生じると考えられる [Middlekoop *et al*. 2021]．このような動きは細胞にキラルな性質をもたらす [Tee *et al*. 2015; Naganathan *et al*. 2016; Middlekoop *et al*. 2021]．フォルミンは F アクチンの分子構造がもつキラリティーを，分子のキラルな動きに変換する機能をもったタンパク質であるといえる．

以上に述べたように，F アクチンの構造のキラリティーがミオシンやフォルミンの動きを介して細胞のキラリティーに関係することが考えられる．

1.3.2　細胞集団の中で

細胞集団の中で細胞が自前の力を使って細胞集団の形をつくり，改変する．この機構を理解することが本書の主要な目的の一つである．DNA から始まる形づくりだが，DNA 情報が力を生成するタンパク質をつくることと，これにより 1 つの細胞内の局所で方向性のある力が発生して細胞が一方向に動くことが理解できるようになった．本項では，このような細胞が集まったときに起こる変化を順に述べる．細胞集団の中に特別な細胞ができ，そこが特別な位置となり，集団に基準点や基準軸ができて全体の形の形成や変化が起こる．

(1)　細胞が集まり，接着する

細胞が集まってその集団が形をつくるのは，細胞間に接着が起こるからである．**細胞間の接着**を司るタンパク質としてカドヘリンが発見され，詳しく研究されている [竹市 2023]．細胞外に露出した部分をもつカドヘリン・タンパク質が，他の細胞で露出しているカドヘリンと結合し合って細胞同士は接着する．カドヘリン・タン

パク質の細胞質側には何種類かのカテニンとよばれるタンパク質が介在し，細胞骨格Ｆアクチンとつながっている．こうして細胞接着は細胞内の細胞骨格とつながり，力学的に支えられている（**図1.5**(a)）．細胞質側でカドヘリンと結合しているカテニンはp120カテニン，次にβカテニンである．これにαカテニンが続いてＦアクチンとつながっている．細胞間の接着に力がかかると，Ｆアクチンとつながっているαカテニンが変形する．そこにビンキュリンとよばれるタンパク質が結合する．このビンキュリンもまた別のＦアクチンとつながっている．カドヘリンに力がかかれば力を支えるＦアクチンが増えるのだ [Yonemura *et al*. 2010]．このようにして，これらのタンパク質の複合体は力を感知してそれに対処できるようになっている．

またこれとは別に，p120カテニンはSrc (sarcoma) タンパク質のキナーゼ活性によってリン酸化されることで，カドヘリンとＦアクチンがつながらないことが知られている．カドヘリンの接着装置は不要なときには接着しないようにもなっているのだ．

カドヘリンで結合している細胞集合体は，互いに固定し合って身動きができないシートのように思われるが，実際には集団として動く．これは細胞シートのアピカル側でカドヘリンによる結合がありながら，細胞シートの底では隙間があり葉状突起のようなものが動く余地があるからである [竹市 2023]．

また，細胞接着とは逆に細胞同士を排斥するタンパク質も知られている．エフリンとよばれる細胞膜から突き出たタンパク質（リガンド）と，そのレセプターであるEphタンパク質である．それぞれが隣り合った細胞の膜から露出している．これらが作用し合うと多くの場合それぞれの細胞は互いに排斥し合うように動く．2つの細胞集団（組織）の境にこのような仕組みがあると，組織間の仕分

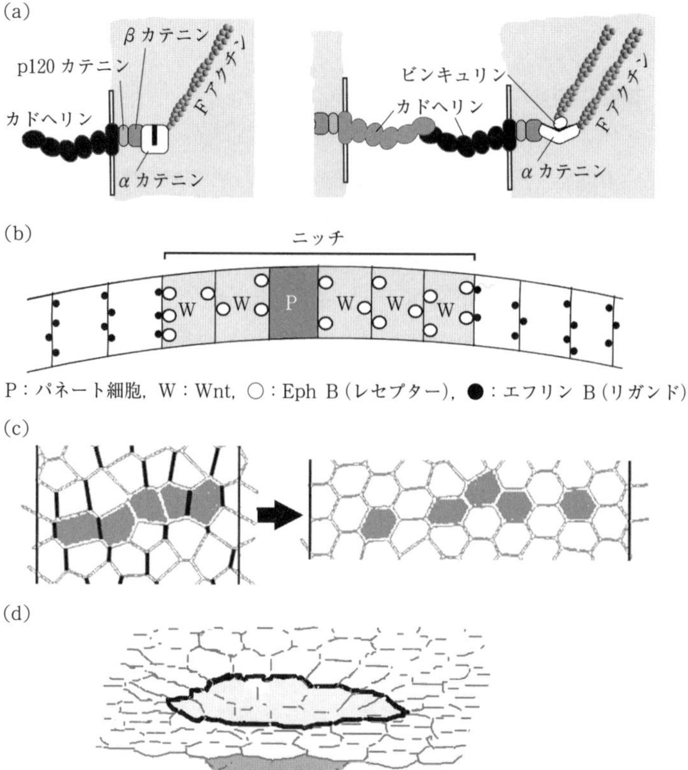

図 1.5　細胞集合体での細胞間相互作用

(a) 細胞接着分子カドヘリンと細胞膜裏打ち分子．αカテニンに力がかかると，αカテニンの構造が変わりビンキュリンと結合するようになる（右図）．ビンキュリンはFアクチンとつながっている．(b) 小腸のクリプト（陰窩）形成．小腸上皮シートで幹細胞がパネート細胞に分化し，付近に Wnt シグナル分子やエフリン B-Eph B の排除システムなどができて特別な領域（ニッチ）となる．このあとここにクリプトができる．(c) Toll タンパク質は前後軸に直角な細胞境界に発現し（黒線で示す），この細胞境界が収縮し [Tamada *et al*. 2021]，収斂拡張（CE，詳しくは第 7 章で説明する）により細胞集団は伸長する．(d) シグナル（EGFR のリガンド）が放射状に伝播すると，伝播のフロントは円周状になり，円周の内外でシグナル強度は大きく異なる．これがアクトミオシンの強い収縮となり，平面は陥入する．

けが維持される．エフリンのこの働きは次の項で述べる．

⑵　細胞集団の中に特別な位置ができる

1つの細胞集団を考える．同じタイプの細胞からなる組織を培養している間に，その中に特別な細胞ができ，そこが特別な領域になる例が知られている．この1つを述べる．小腸のクリプト（陰窩《いんか》）の幹細胞を培養すると，細胞が増殖してシートでできた袋ができるのだが，その袋にWnt シグナルが濃厚な領域（ニッチとよばれる）ができる．そこでは幹細胞の集団にパネート細胞 (Paneth cell) とよばれる細胞ができて幹細胞と混在している．この特別な領域の形成の機構が明らかにされている [Sato & Clevers 2013]．

増殖している幹細胞の中にパネート細胞がたまたま出現する（図1.5(b)）．パネート細胞はWnt シグナル分子を分泌し，幹細胞はこれを受け取って幹細胞の性質を維持している．Wnt シグナルを受けていない細胞（パネート細胞から離れた細胞）はエフリンB（リガンド）を細胞膜上にもっているのだが，Wnt シグナルを受けとった細胞ではここにEph B（レセプター）ができる．この全体を見ると，培養している幹細胞でできた袋表面に，Wnt シグナルを受けた幹細胞とパネート細胞の混じった集団ができている．この集団の境界ではEph Bを発現した細胞と，もとのままエフリンBを発現した細胞とが互いに排斥し合って，パネート細胞のある領域を特別な領域として維持している．

エフリンのリガンド (ephrin) とレセプター (Eph) が作用し合うところは，2つの細胞が接触した境界で，リガンドは浮遊した分子でなくレセプターと同じ膜タンパク質である．隣り合った2つの細胞が細胞膜からの分子を介して作用し合い，反発し合い，避け合うのである．

ここにもう一つ，隣り合った細胞同士がシグナルのやりとりをする系として Notch 系が知られている．一方の細胞膜に Notch レセプター・タンパク質，他方の細胞膜に Dll (Delta-like protein) リガンド・タンパク質が発現しており，両者の相互作用で異なったタイプの細胞同士が安定に隣り合うというシステムである [Sato & Clevers 2013]．これは互いに異なる分化をしたものが共存する仕組みである．Notch システムは後ほど 2.3 節で言及する（p.43，図 2.5）．

(3) 前後軸の決定

力の方向を論じるには基準になる方向，軸が決まらなければならない．カイメンの前後軸の決まり方について述べる．多細胞動物の中で最も原始的な動物と分類されている一つがカイメンである．受精卵の分裂による細胞増殖で球形の胞胚ができる．この細胞集団にシグナル分子である Wnt タンパク質を発現する細胞が点在するようになる．やがて Wnt を発現する細胞はある特別な場所（あとで胚の後端になる場所）に多く見られるようになる．これがカイメン胚に見られる最初の対称性の破れである．はじめは方向が決まらない対称的な球だったのに方向性ができた．一方，TGFβ シグナル分子がカイメン胚の前端に多く見られるようになる．このようにしてカイメンの前後軸が決まる [Adamska *et al*. 2007]．ショウジョウバエ胚の前後軸では，Bicoid タンパク質の濃度勾配で決められているのであるが，これについては Box 6 で述べる．

(4) 軸方向の伸長

いったん軸が決まるとこの方向に基づいて力が生じ，変形が起こる．軸に沿っての伸長を起こす力が生じるのだが，この力を生成するシグナル伝達経路の各ステップが明確に確定された例が，神経管形成と胚帯の伸長について明らかにされている．ニワトリ胚の**神経管形成**の過程では，方向を指示する PCP（平面内細胞極性）シグナルが力の方向を決めることで形ができる [Nishimura *et al*. 2012]．神経板に敷きつめられている多角形細胞の境界の中で，前後軸に垂直な細胞境界に Celsr1 とよばれる PCP シグナル伝達タンパク質が集積している．これがいくつかのタンパク質の活性化をリレーし，低分子量 G タンパク質である RhoA を活性化しアクトミオシンが収縮する．ここで生じた力により神経板の前後軸に垂直な収縮が起こり，平板が曲がって神経管チューブになる（これについては 7.4 節で詳しく述べる）．

方向づけられた力が発生するもう一つの例は，ショウジョウバエ胚の胚帯とよばれる組織が行う**胚帯の伸長**である．胚帯の多角形細胞の境界のうち，前後軸に垂直な境界にミオシンが集積しており，図 1.5(c) に示すように，この境界の強い収縮で胚帯は前後軸方向に大きく伸長することが知られている [Zallen & Wieschaus 2004; Bertet *et al*. 2004]．ここで垂直方向にだけ多くのミオシンが集積する原因が不明だったが，最近明らかになった（**Box 6** 参照）．ミオシンが集積した境界は収縮を起こし第 7 章で述べる細胞集団の収斂拡張（convergent extension: CE）により前後軸が伸長する．

(5) 内部への陥入

力の方向を決める基準が前後軸のような 1 本の軸でなく，定点から発する放射状の場合がある．放射線に垂直な方向は，放射点を中心とする円の周方向である．この円周方向に収縮することで陥入が起こる（図 1.5(d)）．この実例として，ショウジョウバエ胚の表面にへこみができ，これが体内に陥入して気管ができる**上皮陥入**の形

態形成がある [Ogura *et al*. 2018]．シグナルが力と関係する興味深い事例なのでここで大まかに述べる．体表を覆っている細胞は隣接している細胞間の細胞膜に EGF レセプター (EGFR) をもち，このEGFR は隣の細胞からリガンドをシグナルとして受ける．胚の体表の一点でシグナル（リガンド）が生じたとき，これを取りまく隣接細胞の EGFR はシグナルを受け，これが合図となって受けた細胞はリガンドをつくり，リガンドはさらに隣接細胞に伝わる．こうして一点で生じたシグナルはその点から放射状に広がり，伝播のフロントは同心円状に広がる．このフロントではフロントの内と外の細胞の性質は大きく異なる．この細胞が EGFR で受けたシグナルは，低分子量 G タンパク質 Ras からの MAP 経路（**Box 2** 参照）を経て ERK が活性化される．ここで EGFR のリガンドと活性化 ERK との間で正のフィードバックのループが生じ，フロントに沿って強力なアクトミオシンの収縮が起こり，円周状のフロントの内側を締めつける．結果として [Ogura *et al*. 2018] によると，同心円の内側で胚表面の陥入が生じる（図 1.5(d)）．MAP-ERK シグナル経路が F アクチン集積によって力を生じ，これが細胞内の異方的異所的性質に寄与するという研究が別になされている [Hino et al. 2020; Hirashima & Matsuda 2024].

本章では DNA 情報に基づいてできたタンパク質が，化学反応の触媒能と分子選別能（特異性）をもつことで，物質の合成・分解だけでなく，タンパク質の働きを制御するシグナル伝達経路までも作り上げることを述べた．さらには，いくつかのタンパク質の機能を統合して管理することで，細胞に突起をつくるとか，細胞の運動の支点をつくるような，ひとまとまりの形成が可能になり [Olson *et al*. 1995]，ついには細胞の方向をもった動きや変形を支配することまで明らかになった．タンパク質に関するこの事実は，多細胞生物の形を細胞に基づいて理解するに際し，細胞についての重要な事柄である．

Box 6　前後軸に直交する境界にミオシンが集積する（ショウジョウバエ胚の胚帯）

ショウジョウバエ胚の前後軸の形成機構は古くから知られている．卵がショウジョウバエの母体内にある時期に，卵の片端に *Bicoid*-mRNA が注入され，そこに Bicoid タンパク質が合成される．Bicoid タンパク質が拡散し濃度勾配が形成され，これが胚の前後軸を決める（図）．次に Hunchback の発現が，Bicoid タンパク質の濃度が閾値以上のところでなされ，そこが Hunchback 領域と決まる．Hunchback 領域の境界は前後軸に直角となるが，これに平行に分節遺伝子群（ギャップ遺伝子，ペアルール遺伝子，セグメントポラリティー遺伝子）が発現する．その一つ，ペアルール遺伝子の発現に従って Toll とよばれるレセプ

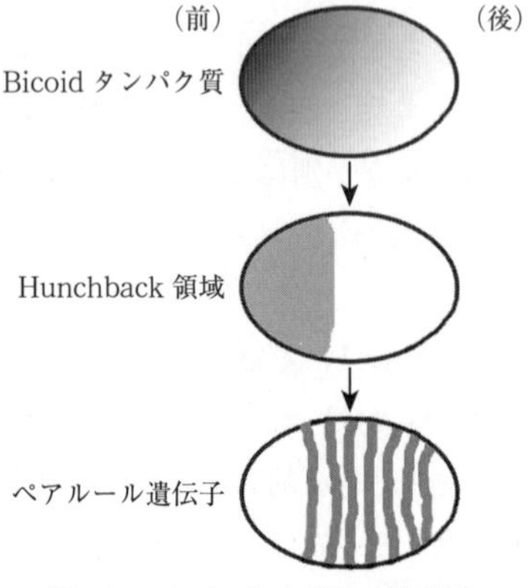

図　ショウジョウバエ胚の初期発生

ショウジョウバエ胚 Bicoid タンパク質は前後軸に沿う濃度勾配を示し（図の左側が前），これに応じて Hunchback 領域ができる．この境界および pair-rule genes（ペアルール遺伝子）の発現は前後軸に直角である．

ター・タンパク質ができるのだが，この集積は胚帯表面の多角形細胞の境界の中で，前後軸に直角な方向の境界（ペアルール遺伝子の発現の方向）で起こる．ここで Toll レセプターが Src タンパク質を活性化し，次に PI3K（キナーゼ）の活性化を経てミオシンが集積される [Pare *et al*. 2014; Lavalou *et al*. 2021; Tamada *et al*. 2021]．こうして前後軸に直角な境界にミオシンが集積することが理解できるようになった．

2

限られたDNA情報が
さまざまな形をもたらす仕組み

ねらい　生物はその多様な形を，多量の情報をもつとはいえ有限であるDNA情報で，どのようにしてつくるのか．1つの答えは，DNAが形そのものではなく形のつくり方の情報をもっていて，生物はそれを繰り返し使っていると考えることである．これにより，情報はずいぶん節約できるに違いない．

2.1　分岐の繰り返しでできる樹形

樹木の形は多様である．同種の樹木でも個々の木によって形は異なる．そっくり同じ樹形はまず見られない．ところが同じ種の樹木ではどこか共通のパターンをもっていて，パターンで樹種の見当がつくことが多い．たとえば，「枝ぶりが同じ」などというように．では，枝ぶりを特徴づけているものはなんだろうか．このようなことを問題にして樹木を二股分岐の総体と考え，二股分岐の仕方が樹木全体にどのような影響を及ぼすかを調べた [Honda 1971; 本多 1973; 本多 1979].

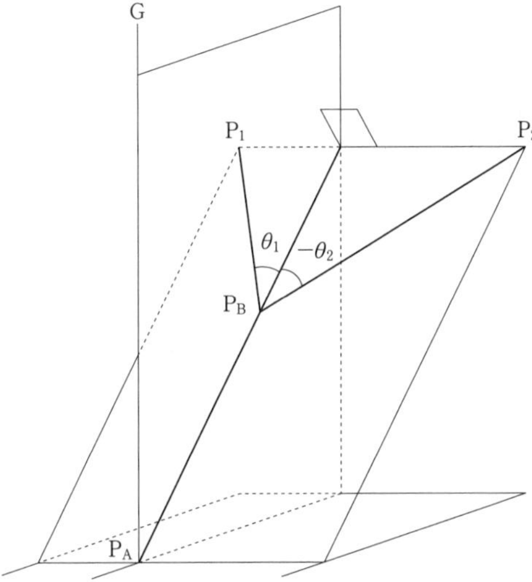

図 2.1　3D 空間での二股分岐

母枝 P_AP_B が 2 本の子枝 P_BP_1 と P_BP_2 に分かれる．GP_A は鉛直線．平面 $P_AP_BP_1P_2$ は鉛直平面 P_AP_BG と直交している [Fig. 1, Honda 1971 より]．

二股分岐を**図 2.1** に示すような幾何学で規定できると考えた．この図には，3 次元 (3D) 空間で，これから分岐する末端の枝 P_AP_B がある．これが子の枝，P_BP_1 と P_BP_2 を作るのだが，2 本の子枝の方向は，子枝 2 本と母枝の計 3 本の枝が同一平面に含まれるという条件のもとで決まるとする．これだけでは 3 本枝で決まる平面は，母枝の周りを回転してしまって固定しない．そこで 3 本枝の平面の最大傾斜線が母枝 P_AP_B の方向と一致するように 3 本枝の平面は決まると仮定する．重力の影響を考えるのだ．平面の最大傾斜線とは，3 本枝の面と鉛直面（重力の方向である鉛直線を含む面）との交線である．さらに子枝 2 本は母枝に対してそれぞれ角度 θ_1，θ_2 の角度をなすと仮定する．また 2 本の子枝の長さは母枝の長さに対して

それぞれ比 R_1, R_2 で決まると仮定する．これで母枝 P_AP_B が与えられたとき 2 本の子枝が決まり実際に描画できる．ここで子枝の決定に，面の最大傾斜線という地上での重力の方向が関与していることに注意してほしい．子枝のつくり方にはその時点での重力の方向が関わっている．そのため，形のつくり方は同じなのにできた形はそれぞれ同じではないのだ．つまり，母枝の傾斜によって分岐の方向は異なるのである．母枝の両端の座標を (x_A, y_A, z_A) と (x_B, y_B, z_B) とすると，1 つの枝の先端 (x, y, z) は

$$x = x_A + R(u\cos\theta - Lv\sin\theta/\sqrt{u^2+v^2},$$

$$y = x_A + R(v\cos\theta - Lu\sin\theta/\sqrt{u^2+v^2},$$

$$z = z_B + Rw\cos\theta$$

で表せる．ここで $u = x_B - x_A$，$v = y_B - y_A$，$w = z_B - z_A$，$L = \sqrt{u^2+v^2+w^2}$ である．

分岐の形の計算はコンピュータを使って 1 ステップずつ進めていく．はじめのステップで 2 本の子枝ができ，次のステップで 4 本の子枝，N ステップでは 2^N 本の枝ができる．これを 3D 空間で計算し結果を紙面に投影する．それを**図 2.2** に示す．左から (θ_1, θ_2) を $(10°, -20°)$，$(15°, -30°)$，$(20°, -40°)$ と変えた場合の図を示した．つくり方は同じでも角度の数値を変えただけで多様な，この場合樹種が異なるように見える形が得られた．

樹形シミュレーション研究の前後

私事になるが，私の大学院時代の分子生物学はアミノ酸と対応するコドンが確立されつつある時期だった．私は tRNA（そのころは soluble RNA とよんでいた）について自分としてはそれなりに興味ある研究を行っていたが，このような分子生

図 2.2　樹形シミュレーション

分岐角を変えることによる樹形の変化．左から，(θ_1, θ_2):（10°, −20°），(15°, −30°)，(20°, − 40°) [Plate V, Honda 1971 より]．

物学で生物がどこまでがわかるのか，常に疑問があった．自分は生物の形がおもしろいと思って研究の道に入ったのだが，DNA が形とどうつながるのかの見通しがもてなかった．この時期に他に実行可能な研究として，DNA からでなく，すでにできあがっている形から DNA へ向かう逆のアプローチがあるのではないかと思った．つまり，いまある形の前段階の形からいまの形ができるところを調べる．次にさらにそこからさかのぼった段階からそのあとの段階を調べ，これを繰り返す．このアプローチは形態学では以前にも行われてきているのだろうが，昔と違ってそれまでなかったコンピュータがある．これを道具として使えればこれまでにないことができるだろう．やってみる価値のあるアプローチではないか．このように考えて研究対象としてまず樹形に手をつけた．まだパソコンがない時代で，多量のパンチカードをつくって大学の計算センターに通った．そのころ幸運なことに大型計算センターでグラフィックスが導入され始めた．結果が数値でなく図で得られる！　と心が躍った．

樹形のシミュレーションの結果はいろいろな研究室，植物学や林学で珍しがられおもしろがられたが，それまでだった．そこで，結果をどこかしっかりしたところに発表することが重要だと考えたのだ．そのころ，最初の論文は国内の雑誌に投稿することが普通だったが適当なところが見当たらず，思い切って国際的な理論生物学雑誌 *Journal of Theoretical Biology* に投稿した．原稿を読んだレフェリーは，英文について，意味は通じているが英米で使われるスタイルとは何か違っていると言いながら文章を直してくれ，論文は受理された [Honda 1971].

あとで何度も思うのだが，いい時代だった．稚拙な論文だったのだが，研究の意図を見抜いて評価してくれている．このあと何年も経ってからだが，マイアミ（USA）の Fairchild Tropical Botanic Garden の研究者 Jack B. Fisher さんから突然の手紙が届き，彼の *Terminalia catappa*（あとで知ったが沖縄でたくさん植栽されている樹木，モモタマナだった）の観察データを使った共同研究が始まった．*Terminalia* の分岐は，茂った葉の重なり合いが小さくなるよう適応的になされているなどの結果を公表できた．その後，このような文通での共同研究だけでなく，直接顔を合わせての共同研究も行うことができた．ハーバード大学の Philip B. Tomlinson 教授の世話で，1979 年には Harvard Forest や Fairchild Tropical Botanic Garden で 3 カ月間の樹木観察のための滞在や，その間に催された "Mathematical Trees in Principle and Practice" という数十人による 3 日間にわたるミーティングに参加し，発表する機会を得た．その後も樹木の形態形成の研究は筑波実験植物園に勤めておられた八田洋章博士とミズキ科ヤマボウシの分岐解析などを行った [Hatta *et al*. 1999]．この樹形モデルはその後いろいろな使われ方をしている．このモデルを使うと枝の角度と枝長の比によって枝のかっこうを決めることができる．その枝のかっこう，すなわち枝振りは光合成を行う葉の分布を決めるから，葉ができるだけ互いに光を遮ることの少ない枝振りを計算するとか [Honda & Fisher 1978; 1979]，森林の中で個々の樹木がどのような枝振りをするか [Takenaka 1994] などが計算された．また，このモデルは，植物の分岐形成の繰り返しをアルゴリズムとして体系化し，それが創り出す美に注目した書物 [Prusinkiewicz & Lindenmayer 1990] で使われている．

2.2 ビワクンショウモのパターン形成

生物は細胞からできている．多細胞生物は細胞の集まりだが，その構築がよくわかる生物がある．それは，緑藻類クロロコッカス目アミミドロ科に属し，淡水に棲息するビワクンショウモとよばれるプランクトンである．多くは比較的少数の 16 個や 32 個の細胞が平面に配列し，**図 2.3** に示すような独特のパターンをつくり，なかには勲章のような，美しさすら感じるようなパターンを呈するものがある [Honda 1973]．琵琶湖より採集したビワクンショウモを培養し，幸いにも 1 個体から増殖した株を得ることができた．このパターンの観察と増殖過程（無性生殖）の観察から，このパターンは 1 つの袋に閉じ込められた同等な性質をもつ 2^N 個（N は 5 程度の整数）の球形の遊走子がでたらめに運動する結果であって，それ以外になにか全体的なパターン形成を支配するシステムがあるわけではないことがわかった．

この理解に至った過程を述べる．ビワクンショウモのパターンを観察すると，ツノ細胞と三角細胞の 2 種類の細胞からできていることがわかる（図 2.3）．いろいろな個体でツノ細胞と三角細胞の個数

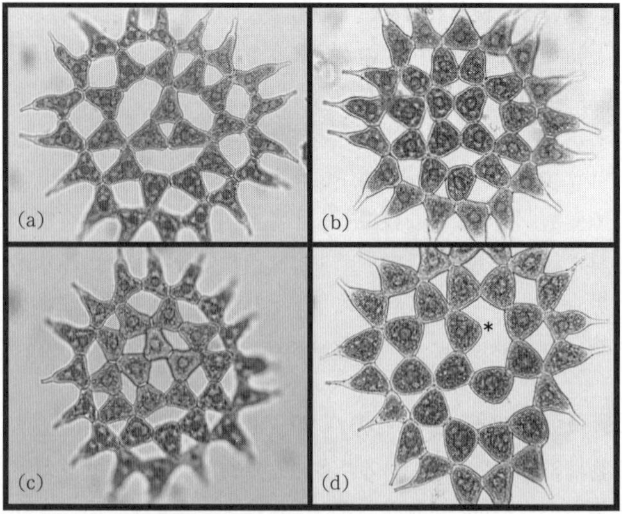

図 2.3　32 個の細胞からなるビワクンショウモ

同心円パターンを示し，中央が 3 個 (a)，4 個 (b)，5 個 (c) の細胞からなるもの，および渦巻きパターンを示すもの (d)．(d) は中央の細胞（＊）から反時計回りに渦巻いている．いずれも直径 0.1 mm 程度 [口絵 6，本多 2010 より]．

を数えてみるとまちまちである．たとえば，32 細胞からなる個体について，ツノ細胞と三角細胞の数が，(14, 18), (15, 17), (16, 16), (17, 15), (18, 14), (19, 13), (20, 12), (21, 11) のものが見つかった．図 2.3 にはツノ細胞の数が 16〜18 のものを示している．これはツノ細胞と三角細胞がもともと同一の起源で，そのどちらになるかは，細胞が位置する場所によるということを示唆している．実際，周辺の細胞がツノ細胞であることが多い．ところが内部にあっても空間があればツノ細胞である場合がある．また空間があっても必ずしもすべてツノになるとは限らない．それまで観察したところでは，1 つの細胞から 2 本以上のツノがある細胞は見つかったことがない．これらのことから，細胞には 3 つの突起があるけれどこれらは同等ではなく，1つの突起（H点）は他の2つの突起（C点）と区別される（**図2.4**(f)）．H点は突起の方向に空所があればツノになると考えられる．細胞は3回対称に見えるが，実はそうではなく左右対称で2つのC点が左右にあり，H点は対称軸上にある．

次に，ビワクンショウモの培養中に無性生殖が夜明けに起こることがわかり，これを観察した．観察で得たパターン形成の過程を述べる．親の個体を構成している細胞のうちで成熟したものが夜明けに細胞表面に半円形の扉を開ける．そこから細胞の内容物が透明な1つの袋に入った状態で外に出る（図2.4(a)）．袋の中には2^N個の遊走子がいて，それぞれ2本の鞭毛によって激しく泳ぎ始める（図2.4(b)～(d)）．遊走子は球形でその赤道上に2つのC点と1つのH点が存在すると考えられる．激しく泳いでいた遊走子はC点同士が接着して数珠状になり，数珠は何重かの同心円になる（図2.4(d)）．なかには数珠が同心円にならずに渦巻きになることもある（図2.3(d)は渦巻きに並んだものが成長したと考えられる．＊印の細胞が渦巻きのはじまりである）．連なった遊走子はH点が外に，鞭毛が内に向いている（図2.4(f)左図）．親の細胞から飛び出してから10分間くらいで遊走子は動かなくなり，球形の遊走子はH点が尖った3角形になる．この時期にH点が他の細胞と接触すればこの遊走子は三角細胞に成長する（図2.4(f)右下図）．H点がどこにも接触しなければH点はツノになり遊走子はツノ細胞になる（図2.4(f)右上図）．尖ったH点は，図2.4(f)右下図に示すように，接触したときは特に数珠状に並んだ遊走子同士の接触部分（C点同士が接触した部分）と接着性があると考えられる．ここではH点は第3の接着点となっている．

このように，はじめ均一であった細胞が集まり，ルール通りに過程が進めば自然に多彩なパターンができる例のあることがわかっ

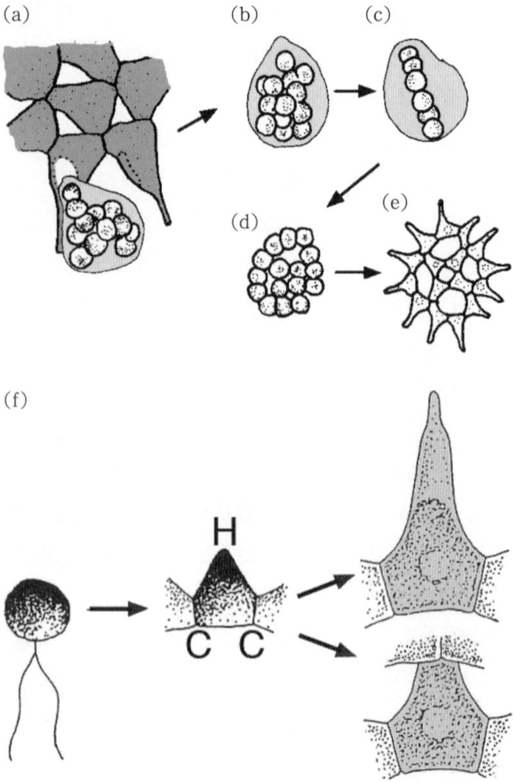

図 2.4　ビワクンショウモの発生過程

(a) 透明な袋に包まれた 16 個の遊走子が親の細胞から出てくる．(b) 袋の中で遊走子は泳ぎはじめ (c) 平面に並び，(d) 数珠状になり，(e) 球形の遊走子が三角形に変わる．(f) 鞭毛をもつ遊走子が 2 カ所の C 点で隣の細胞と接着したあと，H 点がツノをもつか，または第 3 の接着点になる [図 3-5, 図 3-6, 本多 2010 より]．

た．ここでは DNA は形の作り方を指示しているのであって，個々の細胞にそれぞれの指令を出しているとは考えられない．

ビワクンショウモ研究の前後

樹形研究の経験から，生物の形には基本となる単位があって，生物には，この集合で形ができあがっているものがあることに気がついた．DNAが形を決めると考えられているが，DNAは基本単位の性質を決めるだけで，あとは放っておいても基本単位が自分たちだけで形を作ることに注目したのである．考えてみれば多細胞生物は細胞の集合でできている．細胞を基本単位とした形の形成を考えられないだろうか．

そんなわけで，それまで研究材料として知られているかどうかに頓着せず，おもしろい形をつくる細胞を探した．大学の学科別の図書室では，その時点での研究に使われる専門的な文献しか見られなかった．そこで日頃あまり行かないが，広い学問分野の書籍が蓄積されている大学附属図書館に通った．そこの藻類の図鑑で図2.3のようなビワクンショウモを見つけた．自然にできたとは思えない，誰かがつくったかのような秩序立った美しい形だった．この藻類の学名は *Pediastrum biwae* Negoroとあった．かつて山歩きの仲間と湖沼の野外調査を行ったことがあるのだが，このとき面識をもった湖沼学者の根来健一郎博士が名づけ親だった．博士の職場である，琵琶湖の畔の，当時は下坂本（滋賀県）にあった京都大学附属大津臨湖実験所を訪ねた．ビワクンショウモは緑藻類のプランクトンで，水のきれいな貧栄養の湖沼に棲み，出現には季節性があった．出るのは夏だという．ビワクンショウモが出るまでの間も舟を出してもらってプランクトンネットを引き，ネットにかかったいろいろな微小生物を観察し，それらを使って藻類の培養を試みた．肝心のビワクンショウモはこの年は出るのが遅くて，博士をやきもきさせたが，秋になってとうとう何回か採集できた．このあと，培養したビワクンショウモの無性生殖が実験室でも夜明けに観察できることがわかり，実験室での泊まり込みが始まった．このときに 1 個体から培養した株を得ることができたことなどは先ほど述べた通りである．

ここで述べたビワクンショウモ研究のあと，私の関心は動物細胞に移った．動物細胞は，植物の硬い細胞壁に囲まれた細胞でなく，一般に柔らかくて個々の形は確定しないものが多い．このような細胞からなる生物体の形でも，構成要素である細胞の性質が全体の形に反映しているはずである．これをどのように調べたらよいだろうか．研究の詳細は第 4 章以下に述べる．

2.3 細胞分化のラテラル抑制

異なる構成単位が入り混じってできたパターンをモザイク・パターンとよぶが，細胞パターンにもこれがある．細胞のモザイク・パターンができるときに，DNA がそれぞれの細胞にそれぞれの情報を別々に伝えているのではなく，どの細胞にも共通のルールを伝えて，細胞たちはそのルールに従って変化するだけでモザイク・パターンができあがる例がある．これはクンショウモのやり方と似ている．このやり方が，早くから遺伝子解析の進んだショウジョウバエの動物細胞で明らかになっていた [Doe & Goodman 1985; Campos-Ortega 1988].

ショウジョウバエ幼虫の表皮細胞は，はじめは同等の均一な細胞だが，これらの細胞のいくつかが神経細胞になるように決められ分化する．この分化した細胞は幼虫表面に点在し，全細胞の 1/4 程度の割合を占める．分化した細胞同士は互いに離れていて決して直接に隣り合わない．誰かが全体を見渡してどの細胞が分化するのか決めていると考えると，相当高度な制御システムがなければこ

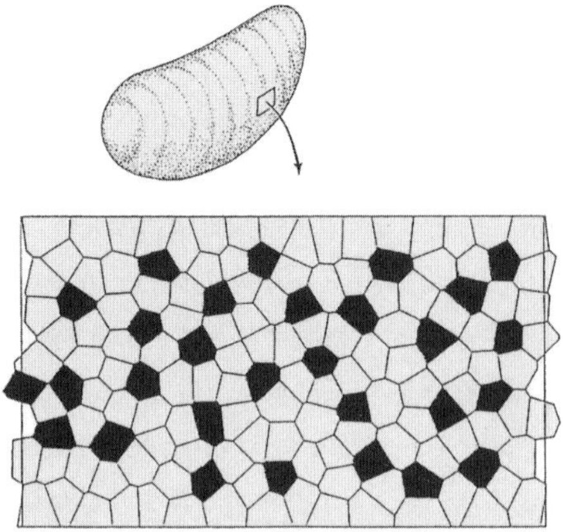

図 2.5　ショウジョウバエ胚の表皮の細胞の分化

ラテラル抑制を仮定して行ったシミュレーション．分化した細胞を黒で表す［図 2-12，本多 2010 より］．

のパターンはできないと思ってしまうのだが，そうではなかった［Honda *et al*. 1990］．はじめは細胞は均一で，これらのどの細胞も神経細胞に分化する能力はあるのだが，分化が決まるタイミングにばらつきがある．たまたま早く分化した細胞は，周りに分化を抑制するシグナルを発し，それが隣の接触している細胞に届き隣の細胞は分化しなくなる．早い者勝ちルールである（ここで行われるシグナル分子の受容は古くから遺伝子学で明らかにされていた．シグナルとして働くタンパク質分子は Delta，これを受容するレセプタータンパク質分子は Notch である．Notch システムについては 1.3.2 項でも言及した）．分化できるのは，離れたところにある抑制を受けていない細胞である．この分化した細胞がまたその隣接の細胞の分化を抑える．こうして時間が経つと，すべての細胞が分化した細胞と分化を抑制された細胞に仕分けされる．**図 2.5** に示すような斑パターンが，はじめは均一であった細胞の集まりからできるのだ．

仮に同じことが同じ領域で起こったとしても，分化の決まる時期の早い遅いは揺らいでいるからそのたびに異なるパターンができる．このような機構があるから，たとえ同一の DNA であっても隅から隅まで完全に同じであるパターンはできない．この Notch-Delta のラテラル（側方）抑制システムは DNA 情報がパターンの各部位を一つひとつ決めるのではなく，パターンのつくり方を決め，パターンは DNA 情報とその場での条件で決まるという明解な例である．

ここで述べた細胞分化のモデルは，最近コンピュータ科学で広まっているエージェントベース・モデル (agent-based model) の細胞版ともいえる．エージェントベース・モデルは自律的に行動するエージェントと，エージェント間の相互作用を設定したモデルで，工学分野の技術を生物系に応用するときに多く使われている．たとえばミツバチの巣の形成 [Narumi *et al*. 2018] の初期はこの方法で解析されている．

2.4 チューリングモデル

細胞分化のラテラル抑制によるパターン形成に似たメカニズムが，チューリングのパターン形成モデルとよばれる数理モデルで知られている．ニシキゴイやホルスタイン牛に見られるようなまだら模様は厳密に見ると個体一つひとつ違っている．これらの模様が同一でないのはそれぞれの個体に異なる DNA 情報があるからとつい考えたくなるが，実はそうではないようである．同じ DNA 情報をもつ個体がシステムの中で起こる揺らぎ（ノイズ）によって，それぞれ異なった，互いに似ているが同一ではないパターンを呈するようになる．

形態形成についてのチューリングモデルを説明する [本多 2010]．アラン・チューリング (1912～1954 年) は，イギリスの数学者で，

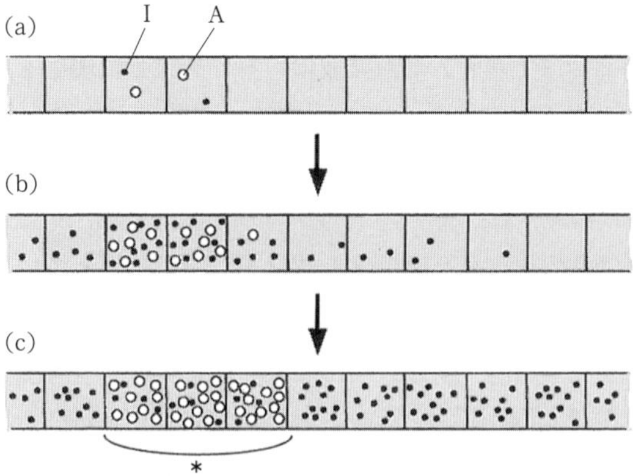

図 2.6　チューリングのパターン形成機構

(a) 活性化因子 A（白丸）と阻害因子 I（黒点）がある．(b) 白丸は自己触媒により正のフィードバック的に増加し，また黒点をも増やす．一方，黒点は速やかに拡散するとする．(c) たまたま白丸が多く存在するところがあると，そこに白丸が増加して集中し，拡散した黒点はその周りを取り囲み白丸領域の拡大を阻止する．その結果，メリハリのある白丸領域（*）が黒点領域の中にできる［図 2-14，本多 2010 より］．

数理的手法によって自然科学のいくつかの大問題を解こうとした人物である．チューリングが微分方程式を使って示したのは，もともとは同等だった細胞が，ある領域では条件が整って分化した細胞になり，別の領域では分化しない細胞のままというような分化・未分化の区分けパターンが形成されることである．

図 2.6 を使って説明する．どの細胞内にも，白丸で示す活性化因子 A および黒点で示す阻害因子 I を合成する能力があると考える．分子 A は自分と同じ分子 A の合成を進め，また分子 I の合成もある程度進める．分子 I は逆に分子 A の合成を抑えるとする．このような仮定の下では，分子 A の合成には分子 A が存在するとますます多く合成されるという正のフィードバック制御が起こり，分子 I についても分子 A の合成量に応じてそれ相応に合成されるように

なる．

分子 A と分子 I の両方とも拡散によって隣接した細胞を介して散っていくのだが，分子 I は分子 A に比べて拡散しやすいと仮定する．たとえば分子 I の方が分子 A よりも分子量が小さいというような場合である．

はじめはほぼ均一な状態で分子 A と分子 I は均衡している．何かの偶然で分子 A の濃淡が，ある場所でわずかに濃くなるようなことが起こったとする．分子 A の濃度が少し上がった場所では，それがきっかけとなって分子 A が増え，正のフィードバックによって分子 A がますます増えて，分子 A がたまるところになる．分子 A が増えるのだから，ここでは分子 I も増えるのだが，分子 I は速く拡散して周りに散る．拡散により分子 I が先に到着したところでは，もともと分子 A と分子 I が均衡し分子 A が増加するかしないか微妙な状態だったのだから，到着した分子 I の抑制作用により分子 A ははっきりと増加しない場所になってしまう．分子 I が先回りしたのだ．分子 I が届かないような別の遠くで，分子 A がたまたま高濃度になるところがあると，ここでまた先に述べた正のフィードバックが起こり，分子 A が蓄積する．こうして分子 A が多量に存在するところとほとんど存在しないところとが仕分けされるようになる．ホルスタイン牛のような哺乳類の場合では，発生初期の胚表面でこの機構により斑紋パターンが決まり，成長に従ってこれが拡大されると考えられる．DNA 情報が種々のタンパク質酵素をつくりこれが斑模様をつくりだすシステムとなって，そのときそのときの条件に従って異なった斑パターンをつくる．

2.5 毛細血管網と血管分岐系

以上に述べたように樹形やショウジョウバエ胚表皮の分化細胞，

ビワクンショウモのパターンのように一つひとつは異なるパターンだが，全体としては同類と見なせる一群のパターンは考えてみれば不思議である．形を徹頭徹尾，微に入り細に入り指定するのではなく，そうかといって指定なしで変幻自在にしておくというのでもない．生物の場合これは，DNA 情報はパターンのつくり方のルールに関与しているだけで，個々の結果はルールが実行されるときの環境の影響を受けるというのが一つの答えだった．このようなパターン形成機構はこの他に，毛細血管の網目パターンや血管の分岐系でも行われていると考えられる．毛細血管網は，はじめに血管を形成する細胞である血管内皮細胞のランダムな分布があり，この細胞が増殖と集積により細胞塊《さいぼうかい》となり，細胞塊は内部に血液を含んだ袋に変わり，次に近隣の袋同士がチューブで連結する段階に入る（**図 2.7**(a)）．DNA 情報は細胞分裂，細胞の集積，集積した細胞塊同士の連結には関与するだろうが，最初の細胞分布は DNA 情報に関係しないから血管網ごとにパターンは異なる．毛細血管網の研究については文献 [Honda & Nagai 2022] の Section 3.3 に述べている．

毛細血管の網目ができたあと，心臓が働き，血流が生じる．このとき，しっかりとした流れのある血管は整って，血は流れやすくなる．そうでない血管は細くなり，ついには絶えてしまう．このような血管の選択があって太い・細いそれぞれの血管分岐体ができると考えられる（図 2.7(b)）．どの血管が選ばれるかははじめから決まっているのではなく，流れができてから決まる．DNA 情報には直接には関係しない．心臓から発する血管系の大動脈やこれに続く大きな血管はそれぞれ名前がつけられるほど個体間で共通である．しかし枝分かれを続けたあとの細い血管は，それに続く毛細血管網も含め，個体間で同一ではない．ここでは，いま述べた血管形成にルール「よく流れる血管は太くなる」があって，このルールに従っ

(a)
(b)

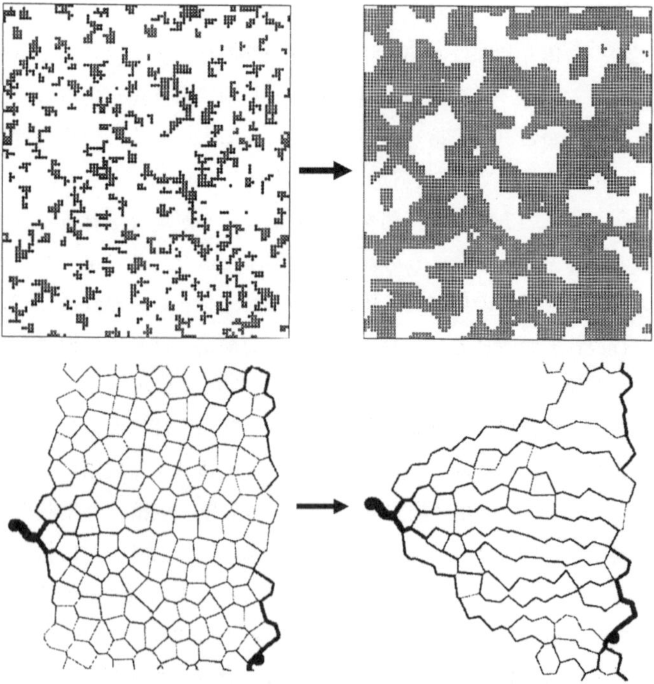

図 2.7　血管網形成と血管分岐形成（シミュレーション）

(a) 細胞塊が大きくなり近隣と結合して血管網をつくる [Fig.　3.11b, d, Honda & Nagai 2022 より]. (b) 血管網に血液が流れる. 強く流れる管は血管に変わる. 流れが弱い管は消失する [Fig. 3.17b, c, Honda & Nagai 2022 より].

てそこでのローカルな状況が織り込まれて血管ができる. これに関する数理モデルを使った研究については [Honda & Yoshizato 1997] に述べた. 血管に梗塞が起こったときにバイパスができるのもこの機構で説明できる. 血管の流れが滞ると, この傍の血管に流れの強くなるものができ, この血管に置き換わる.

3

物理の世界での形づくりを眺める

ねらい　形があるのは生物体だけではない．生物がいない世界にもむろん形がある．ここでは形は誰かがつくるのでなくひとりでにできている．この現象は広く自己組織化とよばれ，形に限らず，模様やリズムなどの秩序がひとりでに形成される現象も含まれる．物理学では数理モデルを使って理解されている．その中で特に形のある物体でできたものを自己構築とよびたいのだが，生物の形の研究の参考にしよう．

3.1　できあがった形

物理現象によりできあがった形について述べる．形が形成中のものについては次節で述べる．

球形の液滴

水滴の表面では水分子が空気に向き合い，水滴中の水分子とは違った配列になっている．一般に分子同士が力を及ぼし合ってポテン

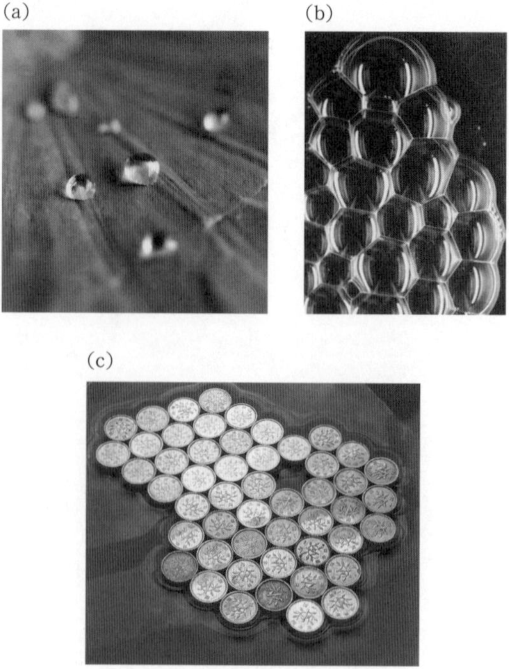

図 **3.1**　表面張力がつくる形

(a) イモ類の葉の上の水滴．(b) 平板上の石けん泡 [Fig.　25d，Honda 1983 より]．(c) 水面上のアルミ硬貨 [図 3-2，本多 2010 より]．

シャルエネルギーが生じる．水と空気の境界では，そこの分子同士間で生じた他とは異なるポテンシャルエネルギーがある（これが表面張力を生じさせる）．水滴はこのポテンシャルエネルギーが小さくなるよう（水滴の表面積が小さくなるよう）に形づくられる．水滴の表面積は水滴が球のとき最小であるから，水滴は球形に近くなる（**図 3.1**(a)）．

石けん泡の集まり

石けん水でできた薄膜は空気に対して境界面をもち，ここにもポテンシャルエネルギーが生じている．泡の集合は薄膜の面積が小さくなるようなパターンになる．平面に配列した泡を平面に投影すると多角形パターンができている（図 3.1(b)）．この多角形パターンの頂点を考える．頂点で交差する 3 つの多角形の辺同士は角度 120°をなすものが多い．これは 3 辺同士の角度が 120°をなすとき 3 辺長の和が最小であるという幾何学に符合する（p.89，図 5.12 参照）．

水面上に浮くコインの並び

水面に，水をはじくコインが浮かぶと水面はへこんで水面の面積は大きくなる．離散して浮かんだコインは直ちに密集して正六角形の配列になる（図 3.1(c)）．コインが密集すると，へこみのある水面の面積の合計は小さくなり，ポテンシャルエネルギーの小さなパターンになる．

リポソームの形

リン脂質のような細長い 1 分子の片側に電荷をもった脂質分子を水中で懸濁すると，懸濁液中に脂質二重膜でできた閉曲面が形成される．これをリポソームという．なめらかな曲面でできた立体である．この立体の中に，ヒトの血中にある赤血球に似た，へこみが 2 つある形を示すものがある．これは閉曲面の内部の体積が小さいときにひとりでに形成される．たとえば，球面で囲まれた球体内部の体積を，表面積は変えないで小さくしたとすると，球の表面はたるみ，球はひしゃげる．2 つのへこみのあるリポソームはこのようなときに見られる．この形は立体の内部で何かが特別に働いてできるのではなく，ひしゃげたときに，脂質二重膜の曲げのポテンシャ

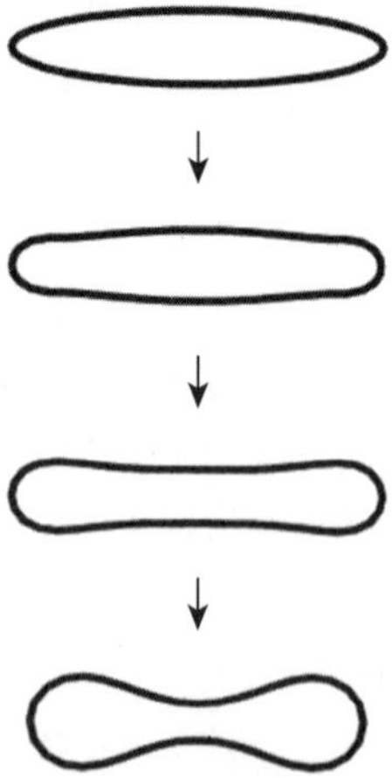

図 3.2　2D リポソームの形態のシミュレーション

細長い楕円が安定な形になる．曲線がポテンシャルエネルギーをもつと，安定な形は両側にへこみのある閉曲線になる [Fig. 5a, Satake & Honda 2002 より]．

ルエネルギーが小さくなる形にひとりでに向かう過程だと考えられる．**図 3.2** にはこのような変形の 2D 版（閉じた曲面でなく閉じた曲線でのコンピュータ・シミュレーション）を示した．はじめに細長い楕円を人為的につくっておき，これがポテンシャルの小さな形，すなわち上下二カ所にへこみのある形に変化する様子を示した [Satake & Honda 2002]．

ベナール型対流

上下 2 枚の平板で挟まれた液体を下面から加熱する．下方の液体は熱くなりいくつかの場所から上昇する．上昇点の近傍では上面の冷たい液体が下降する．ここに中央が上昇，側面が下降の流れの柱体ができる．上昇点が増えて柱体が混み合うと，隣り合った側面の下降流同士が共通の下降流となり，柱同士の集まりが角柱の配列

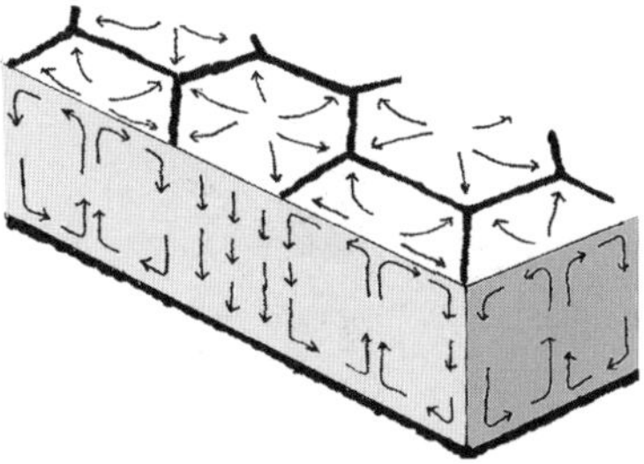

図 3.3　対流がつくる形

ベナール型対流［図 3-34c，本多 2010 より］.

になる（**図 3.3**）．角柱の中心軸が上昇流，角柱の側面が下降流である．この対流の流れをベナール型対流という．一般に温度差があるとき，全体として温度が均一な状態に向かう過程で生成するパターンである．熱は下から上に移動しているが角柱の形は変わらない．均一な温度に至る時間は，対流が起こらず動かない液体の熱伝導だけでの過程に比べて大幅に短縮される．システムでは速やかに均一な温度になる方式が優勢になる．

3.2 形成中の形

雪の結晶

雪華《せっか》ともよばれる雪の結晶には，六角形の基本形が針状の枝で飾られた美しい形がある（**図 3.4**）．これは結晶体の尖がった箇所に水蒸気の水分子が氷となって付着し，結晶成長することでできあがる，形成中の形である．小さな六角柱の氷の結晶を核として水分子がこれに氷結し，結晶が成長するときを考える［黒田 1984］．気温の条件によるのだが，結晶が六角柱の側面で速く成長し平たい六角形の板ができる気温がある．この気温のとき，六角形板の稜や角に水分子の付着が起こる．なぜなら，水蒸気の水分子が結晶と衝突し

図 3.4　成長する結晶の形

雪の結晶 [図版 118，小林 1970 に基づき作図].

て氷になるとき凝固熱を発して温度が上がってしまうのだが，角ばったところでは熱が拡散して温度上昇が起こりにくく凝固に好都合だからだ．そこが尖れば，水蒸気からの水分子との衝突が頻繁になるからなお好都合である．雪の結晶は条件が揃えばこのようにひとりでに形成される．

風紋

風紋は砂丘にできた砂で覆われたなめらかな表面や，雪原の氷粒で覆われた表面で，風によって表面の顆粒が吹き飛ばされたり転がったりといった動きでできた縞模様である（**図 3.5**(a)）．このパターンは顆粒が風によってひとりでに形成されたものと考えられる．砂丘の場合，表面にたまたま小さな凸部ができたとき，凸部の風を受ける側の斜面の砂粒のうち多数が風に飛ばされて転がり，斜面をのぼる．凸部頂上付近の砂粒は少数であるが吹き飛ばされて比較的長距離風下に移動する（図 3.5(b)）．これが続くと小さな凸部は次第に大きな凸部になり，また風下に新たな凸部ができこれが成長する．風紋はこの繰り返しで，風や砂粒の条件が整うとひとりでに形成されて動いている．この動きはコンピュータ・シミュレーシ

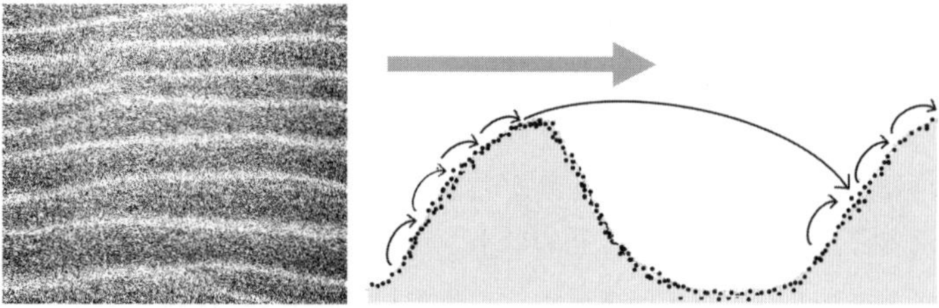

(a)　(b)

図 3.5　風がつくる縞模様

(a) 風紋（鳥取砂丘）[図 3-1b, 本多 2010 より]. (b) 風紋形成の説明図 [図 6, 西森・大内 1993 に基づき作図].

ョンで確かめられている [西森・大内 1993].

河川の蛇行

傾斜がほとんど感じられないほどわずかに傾いた平原を流れる川が，曲がりくねりを示す（**図 3.6**）．これは川が，流れの方向が確定

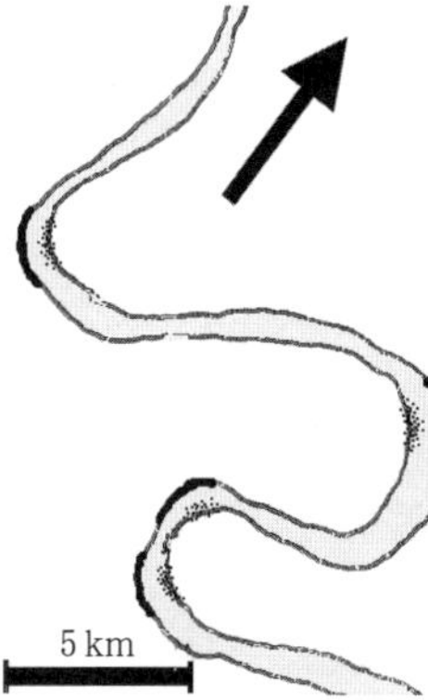

図 3.6　平地の川が示すメアンダー・パターン

曲がりの外側を太線で，内側をドットで示す．矢印は流れの方向．

的には決まらないまま平原を流れた結果だと考えられる．流れにたまたま少しの曲がりができた箇所で，流れは曲がりの外側（遠心方向）の川岸を浸食し，曲がりの内側では遅い流れが岸近くに土砂を堆積する．これにより曲がりが大きくなる．これが続いて，外側の浸食と内側の堆積が，はじめは小さかった曲がりを深くして，川はクネクネとしたパターンを示し，曲がりはますます深くなる．

以上，物理の世界で見られる形の自己構築を見てきた．それでは生物の世界ではどうだろうか．ここでも自己構築が形づくりに一役買っているに違いない．そして物理で使われていたような手法がここでも使えるだろう．

4

多細胞動物の形の特性とこれをつくり上げる細胞

ねらい　動物がさまざまな形をしているのは，動物の体が多様に変形した袋であるからだ．袋の中は上皮シートとよばれるシートによって外世界から厳密に仕切られ，シートには表面・裏面の区別がある [本多 2010; Honda 2017]．上皮シートは上皮細胞の集まりでつくられているが，上皮シートの表裏の特性は上皮細胞にある頂底極性（4.4 節で述べる）に対応している．

上皮シートの袋はいろいろに変形しながら，ひと続きのまま動物体の隅々にまで行き渡っている．上皮シートの変形には素過程といってもよい単純な変形が見られ，形態形成で見られる多様な上皮シートの変形はいくつかの素過程の組み合わせでできていると考えてよい．そこには [変形の素過程]—[素過程の組み合わせ]—[多様な形の上皮シート = 動物体の形] という階層構造がある．

この上皮シートの変形は，つながりだけに注目した幾何学，すなわちトポロジーを頭において組み立てたもので，[Honda 2017] にまとめているが，本章でその要点を述べる．本書の目的の一つである形態形成の数理モデルは，このトポロジーを背景とした形態形成に，辺長や面積などの量を持ち込んだものといえる．

4.1 動物の体は袋である

上皮組織は上皮細胞が集まってできたシート状の組織で，しばしば上皮シートとよばれる．このシートは皮膚や食道で多層の扁平上皮組織，胃や腸では腺上皮組織，肺では繊毛上皮組織，血管では血管内皮組織でできており，ここではまとめて上皮シートとよぶ．多細胞動物は個体全体が閉じた 1 つの上皮シートの袋と見なすことができ，これらの上皮シートがひと続きとなって個体の内外を仕切っているのである（**図 4.1**）．この袋には口から肛門まで上皮シートでできたトンネルが通じている．トポロジーでいわれるトーラス（ドーナツ）構造である [本多 1991; 本多 2010].

上皮シートは仕切りであるから，途切れがあってはいけない．途切れがあればそこが端となりそこで内のものと外のものが混じってしまう．したがって上皮シートは閉じた袋にならずにはいられない (**図 4.2**(a))．この表現は上皮シートの機能を考えた場合，このようになっているはずと述べたものにすぎない．この袋をつくるメカニズムについてはあとで言及する（p.72，図 4.11 参照）．上皮シートは外と内を仕切るから，外空間に接する面と内空間に接する面は区別され，多くの場合，外空間は液体や気体の流体で満たされており，この流体に接する面をアピカル（apical，頂端）面とよぶ．アピカル側には微絨毛などがあり，アピカル面特有の分子が存在している．その反対側の内空間には ECM とよばれるマトリクスが存在し，特に上皮シートと接する箇所は基底膜とよばれ，タイプ IV コラーゲンやラミニンのタンパク質分子を含む非細胞性の層構造になっている．

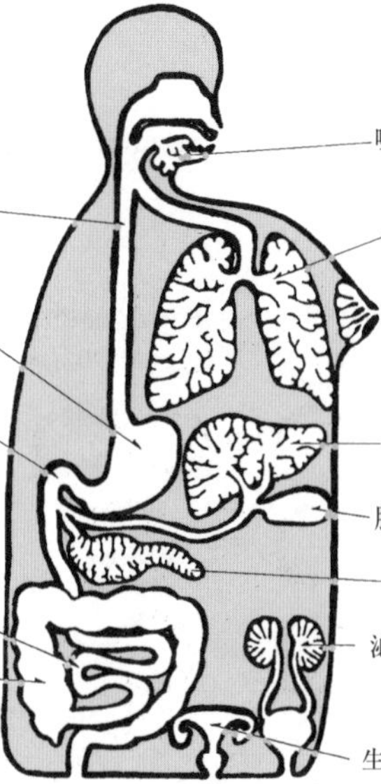

図 4.1　身体の上皮シート

上皮シート（黒線）は体の外表面だけでなく内臓の内表面も，ひと続きになって身体内部を覆っている［図 2.9，本多 1991 より］.

形づくりが行われる発生過程ではこの袋が変形する（図 4.2(b)～(e)）．変形には伸長 (elongation: ELG)，陥入 (invagination: IVG)，突起形成 (protrusion: PRT) などがある．ここではこれらを上皮シート変形の素過程とよぶ．本書の目的はこれらの素過程の仕組みを考えることである．本章でこのあと，細胞モデルを使った素過程の理解を述べる．伸長の素過程については球殻が細長くなる変形を例として（p.131，図 7.2 参照），陥入の素過程については神経管形成を例として（p.139，図 7.6 参照），突起の素過程についてはチューブの伸長を例とする（p.135，図 7.4 参照）．また，変形中にはシートのつなぎ換え (reconnection: REC) が起こる

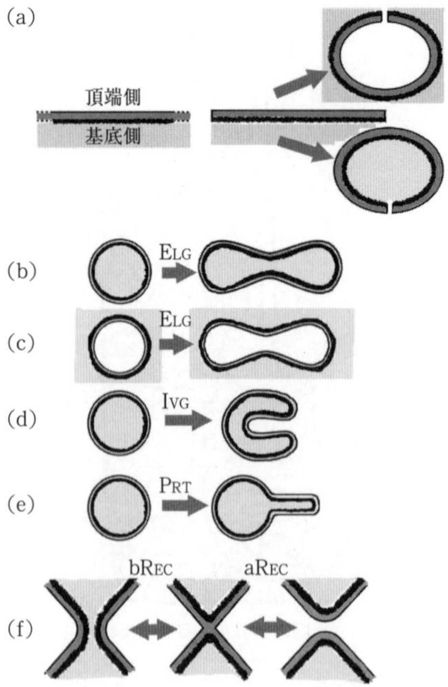

図 4.2　上皮シート変形の素過程

(a) 上皮シートは袋をつくらずにはいられない．(b) 袋の伸長 (ELG)．(c) 裏返った袋の伸長 (ELG)．(d) 袋の陥入 (IVG)．(e) 袋からの突起形成 (PRT)．(f) 上皮シートの裏同士と表同士のつなぎ換え (bREC, aREC) [Fig. 1, Honda 2017 より]．

(図 4.2(f))．これには上皮シートの表面同士のつなぎ換え (apical REC: aREC) と裏面同士のつなぎ換え (basal REC: bREC) がある (表面と裏面間のつなぎ換えは知られていない)．素過程は少数であるがこの組み合わせで多彩な上皮シートの形ができる．

発生過程としてよく知られた神経管形成や消化管形成，肺分岐体形成などは，伸長・陥入・突起形成などの素過程がつなぎ換えを介して組み合わさったものと見ることができる．神経管形成（**図 4.3**(a)）はまず陥入して溝ができ，次に表同士のつなぎ換えが起こ

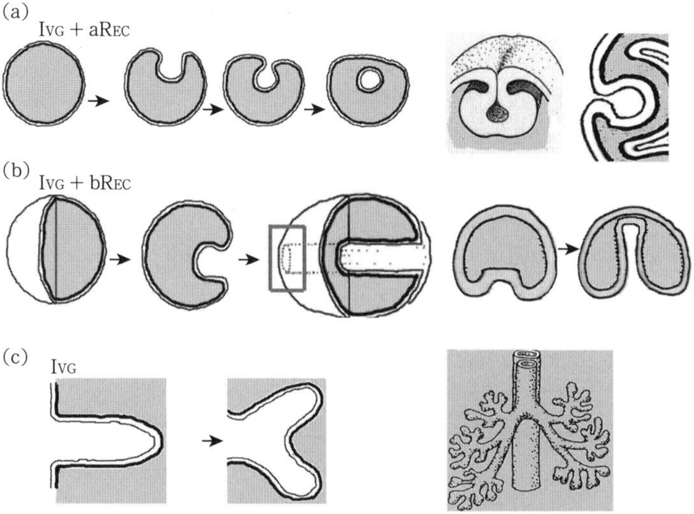

図 4.3　素過程の組み合わせ

(a) 陥入と表同士のつなぎ換えの組み合わせ（神経管）．(b) 陥入と裏同士のつなぎ換えの組み合わせ（消化管）．(c) 陥入の繰り返しで肺分岐ができる [Figs. 2c, 2d, 3d, Honda 2017 より改変]．

ってチューブができることから，[IVG + aREC] と表せる．ウニ胚やヒトデ胚の消化管形成（図 4.3(b)）は井戸型の陥入が深くなり，深くなった井戸の底と突き当たった上皮シートの裏同士のつなぎ換えが起こったもので，[IVG + bREC] と表せる．これらで起こるつなぎ換えは，その最中に表空間と裏空間の間の仕切りが危うくなりそうな過程であるのに，漏れを起こさずにやり終える巧みな過程であることに注目すべきである．肺分岐体形成（図 4.3(c)）は管表面の陥入に引き続いて，陥入の底で 2 つの陥入が同時に起こり分岐となる．肺形成はこの分岐の繰り返しと見ることができ，[IVG + 2・IVG + 2(2・IVG) + ...] と表せる（肺分岐の場合，図で示す分岐体の外面は上皮シートの裏面，つまり基底膜側であることに注意．身体の内空間でのできごとである）．

上皮シートの仕切り機能のもう一つの役割を説明する．仕切りは外界の有害物の侵入を防ぎ，体内の貴重なものを外に漏らさないためだけのものではない．生物体はゲノム（遺伝子のひと揃い）の乗り物（vehicle）という見方がある［ドーキンス 1992］．生物の進化は，変異したゲノムからできた個体の中で生き残るものが代々続くことである．生物体が生きる間に，それぞれ異なる変異によるゲノムでできた個体の間で，どの個体が生き残るかが調べられている．このとき生き残った個体は，体内のどの細胞も同じゲノムをもっていなければならない．混じりものがあれば，同じものが次に続かずゲノムを選んだことにはならない．この見方からすれば，上皮シートの仕切りは同じゲノムでできたものの集まりを囲う厳密な仕切りであり，ゲノムの責任範囲を示していることになる．

4.2 袋は上皮細胞でできている

袋を形成している上皮シートは上皮細胞でできている．典型的な構造は柱状の細胞が隙間なく2次元に並んだ**図 4.4**(a)のようなものである．柱の上面と下面は上皮シートの表と裏に対応して，頂端側（apical）と基底側（basal）とよぶ．基底側は層状のマトリクスである基底膜に接している．側面の頂端近くには隣の細胞と接着する帯があり細胞の頂端付近をはちまきのように巻いている（図 4.4(b)）．帯は2種からなりそれぞれタイト結合とアドヘレンス結合とよばれ，タイト結合は上皮シートで仕切った表空間（外空間）と裏空間（内空間）の間に物質の行き来ができないようにタイトにふさいでいる．アドヘレンス結合は隣り同士の細胞を力学的に強固に結合している．昆虫やウニ，ヒトデのような無脊椎動物の上皮細胞ではタイト結合の代わりにセプテート結合があり，これはアドヘレンス結

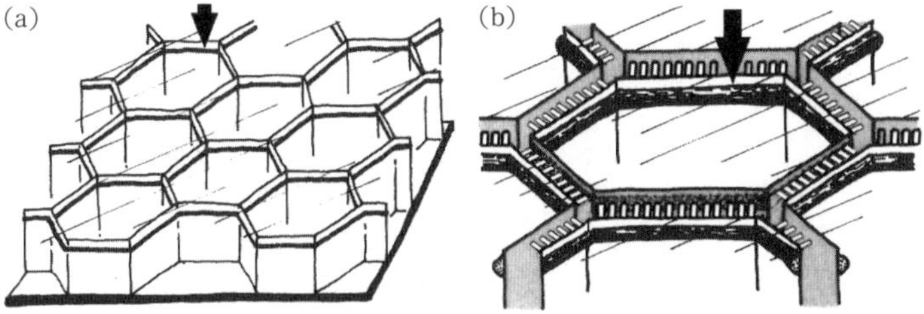

図 4.4　緊張している上皮シート

(a) 角柱細胞のアピカル近くの側面細胞膜にはアクトミオシン繊維の束が裏打ちされている．(b) 角柱細胞間はカドヘリン分子で接着しており（図 1.5(a) 参照），カドヘリンはアクチン繊維とつながっている．黒矢印はアクトミオシンの束を示す［図 27a, b, 本多 1987 より］.

合と平行に並んでいるが，アドヘレンス結合よりも基底側にある．これらの細胞間の接着にはカドヘリンなどの分子が関与していることはすでに述べた（図 1.5(a)）.

胃や腸などの消化管の内壁は典型的な上皮シートであるが，他のほとんどの管腔（チューブ）も上皮シートでできている．細い管腔である血管や極端に細い毛細血管をつくっている上皮シートの上皮細胞を考えてみよう．管腔が上皮細胞と同じくらい小さいと，管腔一周を取り巻く細胞が 3 つや 2 つ，なかには 1 つという場合がある（**図 4.5**(b)〜(d)）．これらのアピカル面を考えてみよう（図 4.5(a)）．アピカル面はチューブの内壁であり，細胞 1 つで考えてみると先に述べたようにアピカル結合帯（タイト結合帯とアドヘレンス結合帯をまとめてこのようによぶことにする）のはちまきに取り囲まれた上皮細胞の表面である．1 つの細胞を球とするとアピカル領域は図 4.5(g) のようになる．上皮細胞はこのように表せる．

ところが細い管腔や伸長しつつある管腔ではチューブにはなっているが，細胞 1 つで管腔をつくるトンネルをもつ細胞（図 4.5(e)）や，へこみだけがあるカップ状の細胞が観察されている

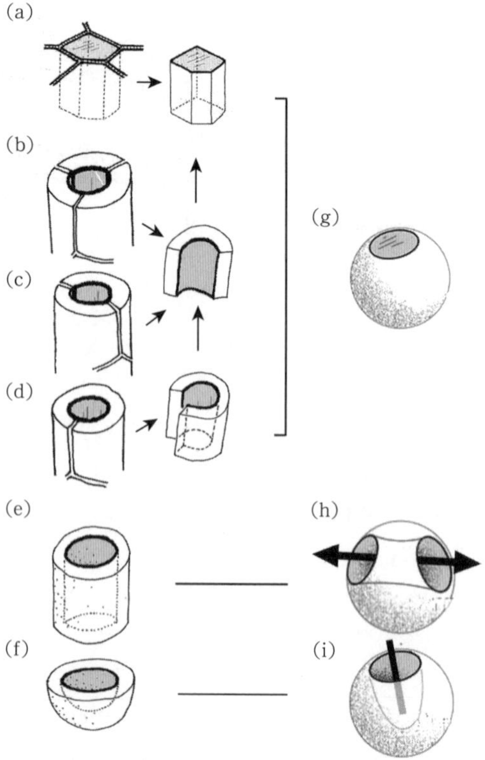

図 4.5　アピカル領域を 1 つもつ上皮細胞

(a) 典型的角柱細胞．(b), (c), (d) チューブを構成する上皮細胞．いずれも (a) と同じタイプ 1（後述する）であることは矢印をたどれば理解できる．(e) チューブ先端近くの上皮細胞（トンネル型）．穴が突き抜けている．(f) チューブ先端の上皮細胞（カップ型）．(g), (h), (i) 球を使ったそれぞれのタイプの表現 [Fig. 5, Honda 2017 より改変].

(図 4.5(f))．トンネルをもつ細胞は継ぎ目のない 1 つの細胞であることが特徴である．トンネル型細胞のアピカル領域は図 4.5(g) ではなく図 4.5(h) のようになる．カップ状の細胞ではアピカル領域は図 4.5(i) のように深くへこんでいる．

この他にも単純な上皮細胞ではないものがある．肝実質細胞は上皮性の細胞といわれているが，一見上皮とは見えない複雑な構造である．肝臓では**図 4.6**(a) に示すように細胞がコンクリートブロックのように積み重なっている．肝臓の細胞同士でできた柱状の隙間が管になっているが，これは胆細管などとよばれている．管の内壁をつくる専用の細胞があるわけではない．胆細管は肝臓細胞の集まりの中にできた空間が連なったもので，肝臓細胞の外分泌である胆汁の通り道であり，胆汁は胆嚢，十二指腸を経て消化管に届く．すなわち，上皮シートの外空間につながっている．それゆえコンクリートブロック細胞の胆細管内壁にあたる部分はアピカル領域である．図 4.6 に示すようにコンクリートブロック細胞はアピカル領域が 2 つまたは 3 つあるのが普通である．肝実質細胞を球にして描けばこの球にはアピカル領域が 2 つ以上ある（図 4.6(b)）．

さらに興味深いことがある．細胞内に液胞とよばれる脂質二重膜で包まれ，液体に満たされた空所（液胞）がある．この空所は**図 4.7**(a) に示すように上皮シートが仕切る外空間と同じと考えてよいらしい．細胞質の中にある膜構造体は細胞膜でできており，その中身は細胞膜のつなぎ換えで（細胞膜を突き抜けることなく）細胞外に出るから，膜構造体の中は細胞の外空間に対応する．外分泌のときに，小胞に包まれた分泌液が外に出るのはこれである．分泌液は一度も膜を突き抜けることなく外に出る．図 4.7(b) は毛細血管が出芽によって分岐するところである（血管新生，angiogenesis とよばれる）．毛細血管壁を構成する血管内皮細胞が分裂して毛細血管に出芽ができる（図 4.7(b) 上図）．この血管内皮細胞内に液胞ができるのだが，この液胞はいくつかの細胞膜の融合を経て血液が流れる血管内腔（外空間）とつながる．したがって細胞内の液胞内の空間は外空間であって，液胞の面はアピカル面と考えてよい．細胞

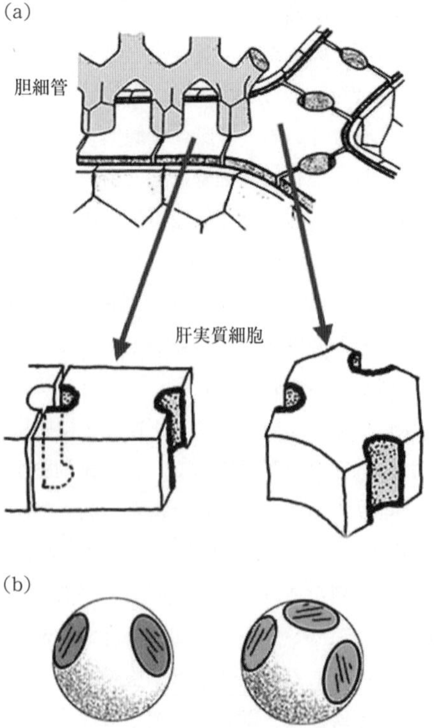

図 4.6　肝臓の構造の模式図

(a) 肝臓の実質細胞はいくつかのアピカル領域をもつ．胆細管は 2 つの肝実質細胞の間の隙間であり，胆細管の内壁面は実質細胞のアピカル面である．(b) 上皮細胞タイプの球による表示 [Fig. 6B, Honda 2017 より].

の階層での外空間が，組織（血管）の階層での外空間と矛盾なく対応している．

以上に述べたことをまとめると，上皮細胞は以下のように定義され分類される（**図 4.8**）．上皮細胞はアピカル領域をもつ細胞で，アピカル領域が細胞内にあるものはタイプ 0，細胞表面に 1 つだけの

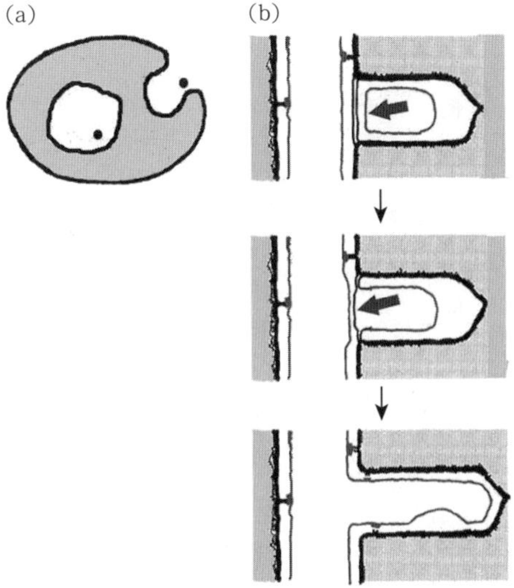

図 4.7　細胞の内と外

(a) 細胞内の液胞の中身は細胞膜のつなぎ換えにより一度も細胞膜を横切ることなく外に出る．液胞の中身と外空間は細胞膜に関して同じ側といえる．(b) 毛細血管の出芽による枝分かれ．矢印は細胞膜の融合を示す [Fig. 6A, Honda 2017 より改変].

ものはタイプ 1，2 つのものはタイプ 2，…である．またタイプ 1 にはカップ型とトンネル型が存在する．

4.3 上皮細胞中の VAC の働き

上皮細胞はその表面に流体（液体や気体）に接触するアピカル領域があるのだが，実はこの領域の細胞膜部分は細胞の中ですでにつくられている．これを VAC (vacuolar apical compartment) とよぶ [Vega-Salas *et al*. 1987]．この VAC の振る舞いを頭に入れると上皮細胞の形成がうまく理解でき，前節で述べた上皮細胞の分類が自然であることがわかる．

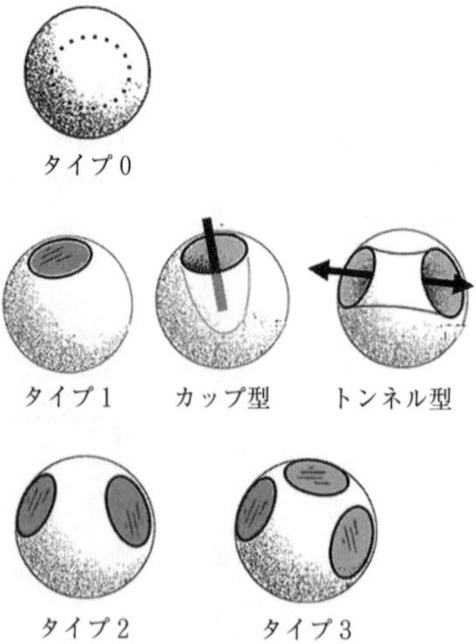

図 4.8　上皮細胞のタイプ

タイプ1には典型的なものの他に，カップ型とトンネル型がある［Fig. 6C, Honda 2017 より］.

4.3.1　上皮細胞にあるいくつかのタイプ

コラーゲンなどの ECM に埋まった上皮細胞は，細胞質に小胞をつくり，これが融合して大きな液胞になる．この液胞が VAC であり，ここは微絨毛や，アピカル側特有のタンパク質分子があるなどアピカル側表面の性質をもっている．アピカル側が細胞の中にあるからこれはタイプ0の上皮細胞である（**図 4.9**(a)）．カップ型やトンネル型の細胞はこのタイプ0の細胞の VAC が細胞表面の細胞膜と1度または2度融合した場合である（図 4.8 タイプ1，カップ型，トンネル型）．細胞同士が接触すると，細胞質の VAC は細胞膜の隣の細胞との接触箇所近くで融合し VAC の細胞膜は外表面に現れる（図 4.9(b)）．この細胞膜部分は接触箇所にできたアピカル結合を構成する分子で取り囲まれており，アピカル領域になる．全

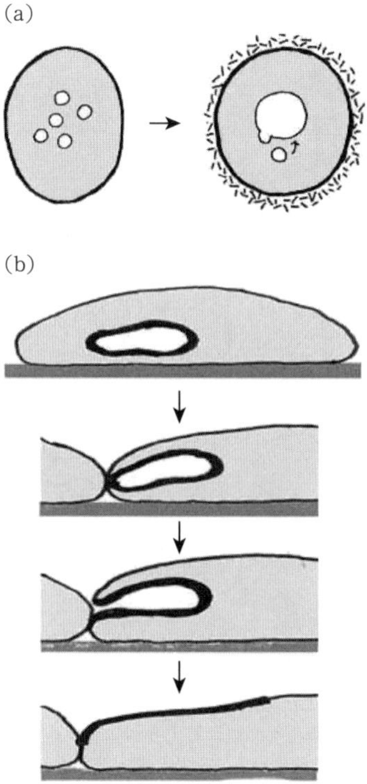

図 4.9　細胞内の液胞の細胞膜がつなぎ換わって細胞のアピカル領域になる
(a) 細胞内で小さな液胞が融合して VAC になる．(b) VAC は細胞同士の接着箇所を手がかりにして，膜のつなぎ換わりを起こし，細胞表面の膜になる [Fig. 7A, Honda 2017 より改変].

体が ECM に取り囲まれていると，1 つの細胞にいくつかのアピカル領域がつくられる（**図 4.10**(a)）．これがタイプ 2 やタイプ 3 などの上皮細胞である．細胞を取り囲んでいる ECM が部分的で，ECM に接しない細胞表面があると，ここでアピカル領域は拡大する（図 4.10(b)）．これが進んでついにはアピカル領域が 1 つになってタイ

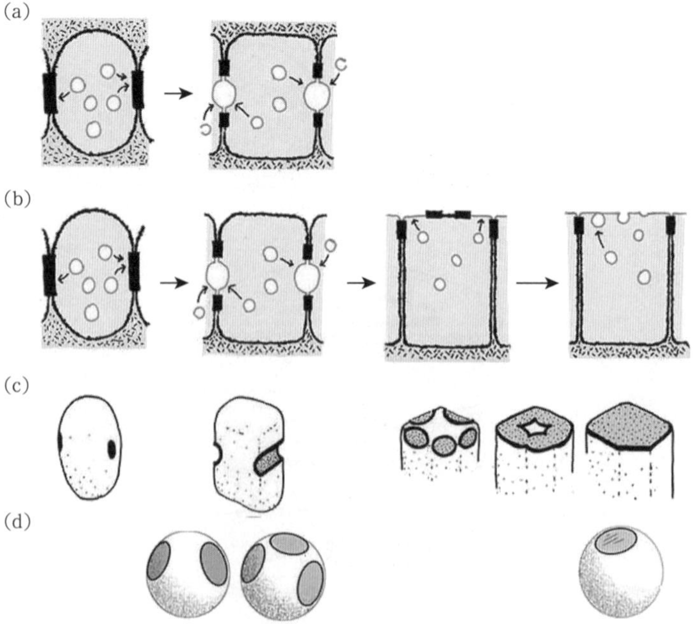

図 4.10　上皮細胞のいろいろなタイプの形成過程

(a) コラーゲンに覆われた細胞集団では肝実質細胞（タイプ 2 など）の上皮細胞ができる．(b) コラーゲンがない空間があるとその側の細胞表面でアピカル領域が伸展し，ついには典型的上皮細胞，タイプ 1 ができる．(c) 個々の細胞の外観．(d) 細胞タイプの球による表示 [Fig. 7D, E, Honda 2017 より改変].

プ 1 の典型的上皮細胞ができる．このメカニズムによれば，典型的上皮細胞タイプ 1 はその形成に他のタイプよりも手間がかかっていることになる．

4.3.2　上皮細胞は袋をつくらずにはいられない

上皮細胞は細胞シートを形成して袋をつくるという多細胞動物の形態形成の骨幹になることを述べてきた．驚くべきことにこの形成は上皮細胞たちが，他からの指令なしに自分たちでひとりでにやってしまう．このことは，甲状腺小胞をつくる甲状腺細胞 [Nitsch & Wollman 1980] や血管内皮細胞 [Folkman & Haudenschild 1980]，血管内皮細胞を培養細胞株として確立された MDCK 細胞 [O'Brien *et al*. 2001] などを使った実験で示されている．これらの細胞はいずれも上皮細胞である．上皮細胞をコラーゲンなどのゲル中に埋めて培養すると（**図 4.11** 上段），細胞たちが接触するのは隣の細胞かコラーゲンゲルである．細胞質の VAC は隣の細胞との接着箇所で細胞膜とつなぎ換えを起こしアピカル領域を外につくり，いくつかのアピカル領域が空所を取り囲むようになる．この空所は表空間となる．この間に上皮細胞の分裂が起こり，袋は大きくなる．この空所に，取り残された細胞があったとしてもそれが長時間残ることはない．そのような細胞は細胞死プログラムが作動して死んでしまうからだ．この現象はアノイキス (anoikis) とよばれている [Frisch & Screaton 2001]．これはいくつかの細胞から始まった形態形成であるが，はじまりが 1 個の細胞からの場合も知られている [図 4.11 下段，Toda *et al*. 1993]．細胞分裂で増加した細胞それぞれに VAC ができ，細胞膜が融合を起こして，多細胞から始まったときと同じような袋形成を行う．以上に述べたように，袋やチューブ（これは袋の細長くなったものである）のような，内空間を外から区切るという機能をもつ形が，1 つの細胞により自分だけでつくりあげられるのは驚くべきことである．この巧みでしかも一見不思議な現象は，細胞がアピカル領域という特別な領域をもつ，すなわち頂底極性をもつことによる．次節では，上皮細胞のこの頂底極性が DNA 情報でできたタンパク質でつくられることについて述べる．

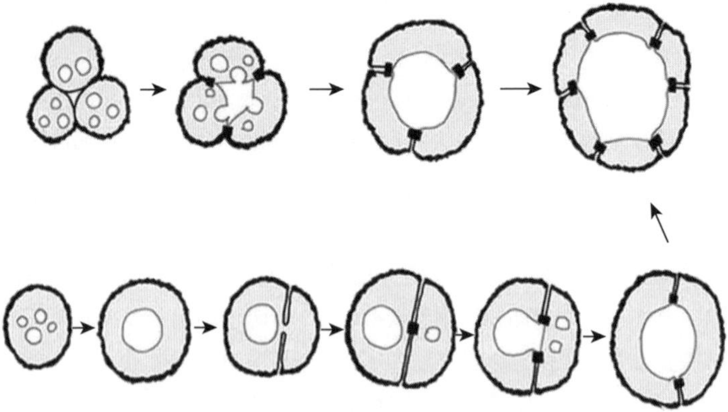

図 4.11　上皮細胞からの袋形成

袋が細胞の集まりから（上段），1 個の細胞から（下段）それぞれ形成される様子 [Fig. 7B, Honda 2017 より改変].

4.4 上皮細胞の頂底極性の形成

上皮細胞の頂底極性（頂端–基底極性，apicobasal polarity）は，細胞が ECM に接する箇所と隣細胞と接する箇所がきっかけとなって細胞内に不均一が生じ，以下のように形成されると考えられている（**図 4.12**）．上皮細胞が ECM に接すると ECM のラミニンと上皮細胞が相互作用を起こし，上皮細胞はラミニンを分泌し，ラミニンは網目構造をつくり上皮細胞に働きかける．ここには β1 インテグリンと低分子量 G タンパク質（1.2.2 項参照）である Rac1 が関与している (O'Brien *et al*. 2001; Wei *et al*. 2005)．これがオートクラインとなって（1.2.2 項; p.6，図 1.2(c) 参照）上皮細胞の基底膜側が確立する．

一方隣細胞と接する箇所では，aPKC-Par6 とよばれる複合体が Par3 タンパク質に結合することでアピカル側（頂端側）を明確に

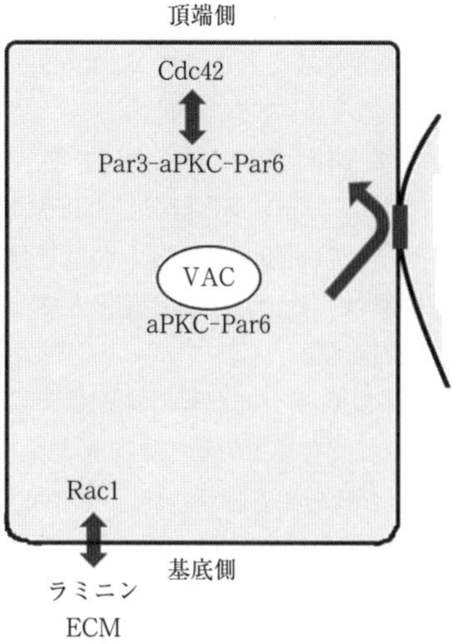

図 4.12　上皮細胞の頂底極性 (apicobasal polarity) の形成

上皮細胞が接触する ECM および隣接細胞を手がかりにして，低分子量 G タンパク質 Rac1，Cdc42 などの活性化が加わって頂端と基底の区別がなされる [Fig. 8A, Honda 2017 より].

し，ここに低分子量 G タンパク質である Cdc42 の働きが加わり正のフィードバックが起こってアピカル側領域が確立し定着する．詳しくは **Box 7** に述べる．

このように DNA 情報からのタンパク質である低分子量 G タンパク質 Cdc42 や Rac1 が働いて，細胞の ECM との接触箇所と隣細胞との接触箇所がきっかけとなって頂底極性がつくられる．

Box 7　上皮細胞にアピカル側が形成される機構

細胞に存在する aPKC（リン酸基キナーゼ）に Par6 タンパク質が結合することで aPKC は活性化する [Graybill *et al*. 2012]．隣細胞と接触している箇所ではタイト結合に，Par3 タンパク質（ショウジョウバエの Bazooka とよばれるシグナル分子に対応する）が結合した Par3-aPKC-Par6 複合体が集まる [Etienne-Mannreille & Hall 2003]．この複合体の存在するところがアピカル側となる．

一方 ECM ゲルと接する細胞の中に VAC ができて，これは aPKC-Par6 複合体と結合するのだが，この VAC はアピカル側細胞膜で構成されているから，タイト結合の箇所で細胞膜とつなぎ換えを起こすことにより，VAC の細胞膜はアピカル側細胞膜として細胞外に露出する [Horikoshi *et al*. 2009; 図 4.9]．

また，細胞に低分子量 G タンパク質である Cdc42 が存在するのだが，これはアピカル側に局在しこの局在を促進する．Cdc42 は Par 複合体を活性化することが知られており，また Par3-aPKC-Par6 複合体はいくつかの GEF（GDP/GTP 交換因子，1.2.2 項）を介して Cdc42 を活性化するから，ここで正のポジティブフィードバックが生じ，細胞のアピカル側領域が確立し定着する [Suzuki & Ohno 2006; Zhang & Wei 2022]．

Par6-aPKC 複合体はタイト結合付近で Par3 と作用して複合体をつくるときに，Lgl 分子 (lethal giant larvae) を排斥して Lgl は細胞の側方側にいくことが知られている [Zhang & Wei 2022]．Lgl 複合体は Par3-aPKC-Par6 複合体の領域に対置し側方基底側 (basolateral region) を確立し定着する．

5

多細胞動物の形態形成のための数理モデル

ねらい　物理学の世界では原子や分子などに基づいた数理モデルが使われている．そこでは構成要素である原子や分子が自分たちだけで自律的に形を作っている．生物学でも細胞に基づく数理的細胞モデルをつくれば形態形成の理解に役立つだろう [Honda & Nagai 2022; Honda & Nagai 2015; 本多 1983]．形態形成で見られる不思議と思える現象が，超自然的な何かの指図なしに，物理学が行っているように構成単位の性質だけで理解できるかどうかを確かめる．

5.1　セルセンター・モデル

細胞の集まりは時として多角形パターンを呈する．このパターンに数学，特に幾何学が使えるに違いないと思っていた．あるときヒトデの卵をプレパラートに置いて観察した際，時間が経つと卵が詰め詰めになり，それをカバーガラスが押しつけ，見事な多角形パターンができた（**図 5.1**(a)）．これは細胞だからできたのではない．粘土でつくった球でも集めて押さえつければ似たパターンができ

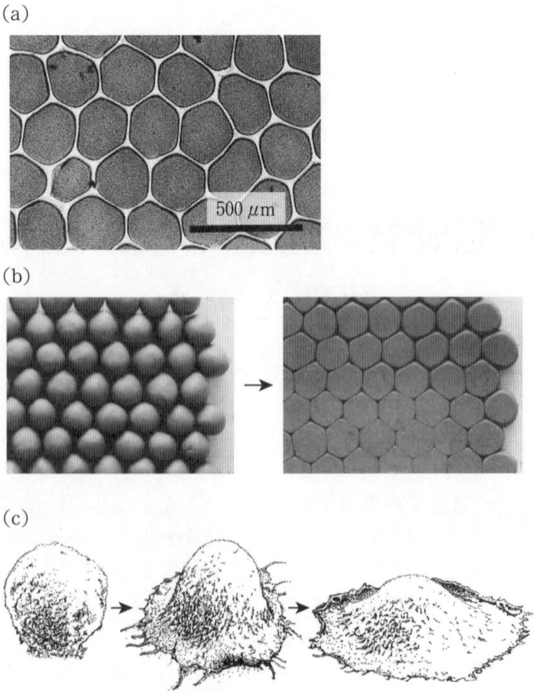

図 5.1　球が詰まって多角形パターンができる

(a) 平面に詰まった球形細胞（ヒトデ受精卵）[Fig. 5a, c, Honda 1983 より]. (b) 油粘土の玉を平面に押しつぶす. (c) 球形細胞が培養皿で平面に広がる [Fig. 1, Honda 1983 より改変].

る（図 5.1(b)). 一方肝臓などの細胞を生きたまま培養皿で培養すると，球が平たくなり円盤状に広がる（図 5.1(c)). このとき人為的な操作は入っていない. 広がった円盤同士がぶつかると境界ができ，パターンをなす. 生物由来かそうでないかを問わず，条件が揃えばこんな多角形パターンができるのだ. この現象を，幾何学を使って再現して生物学に当てはめられそうだ.

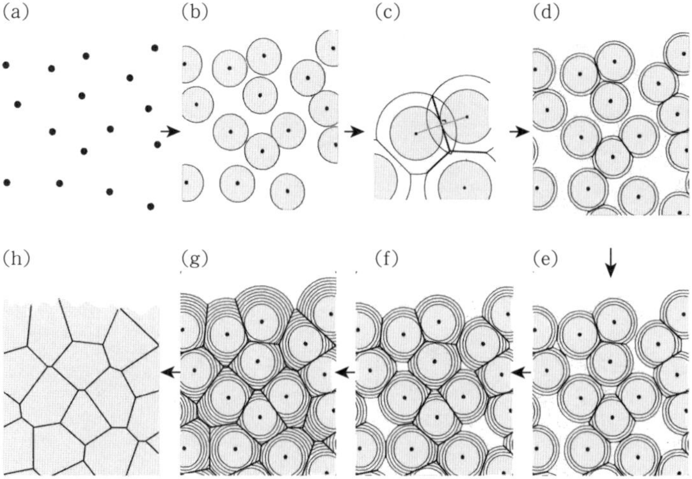

図 5.2 セルセンター・モデル（ディリクレ・モデル，ボロノイ・モデル）
(a)～(h) 点の分布から多角形パターンへの転換．(c) は 2 つのセンター間の垂直二等分線が多角形の辺であることを示す［Fig. 2.4, Honda & Nagai 2022 より改変］.

点を平面にばらまいておき，その点を中心とした円をだんだん大きくしていく（**図 5.2**(a), (b)）．隣り合った円が重なったときに 2 つの円の中心を結ぶ線分の垂直二等分線を 2 つの領域の境界とする（図 5.2(c)）．これを進めていけば点分布からはじめて多角形パターンが描けるはずだ．これが自動的にできるようにアルゴリズムを考えた．どの二点が隣り合った点であるかの判断に工夫がいるが，ほとんど自動で計算することができた（図 5.2(d)～(h)）．これをセルセンター・モデル（ディリクレ・モデルまたはボロノイ・モデル）とよぶことにする．これにより点の分布が与えられれば（図 5.2(a)），多角形パターン（図 5.2(h)）をプロットすることができる．

この研究の発表準備をしていた 1976 年に，日本生物物理学会で，

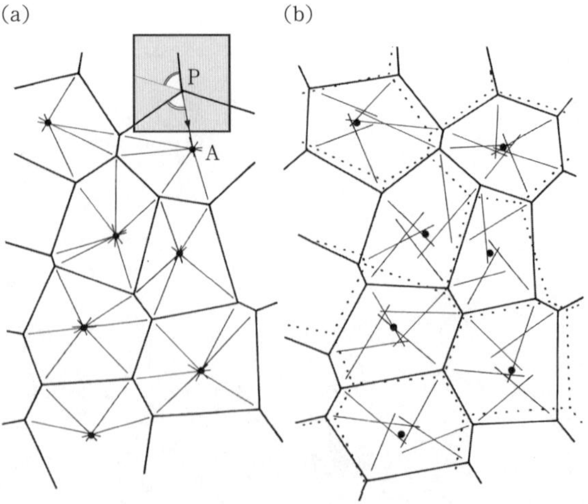

図 5.3　多角形パターンからセルセンター・モデルの中心を求める

多角形パターンがセルセンター・モデルのパターンの場合 (a)，一般の多角形パターンの場合 (b)．(a) の矩形の中は，頂点 P から多角形の中心 A への方向の求め方を示す．頂点 P の周りに図示している角度を使う [Fig. 3, Honda *et al*. 1983 より]．

生態学のなわばりの研究のため同じ多角形パターン形成を使っている発表に出会った．それは統計数理研究所の長谷川政美さんと種村正美さんの発表であった [Hasegawa & Tanemura 1976]．そのときに，この幾何学は古くヨーロッパで知られていると教えていただいた．2D の多角形パターンは 1850 年に Dirichlet が [Dirichlet 1850; Coxeter 1969]，より一般的な 3D の多面体パターンは 1908 年に Voronoi が行っていた [Voronoi 1908; Rogers 1964]．

逆に多角形パターンが与えられたとき，多角形の中心点を求めることができる [Loeb 1976; Honda 1978]．**図 5.3**(a) の矩形で囲んだところに，頂点 P から中心点 A への方向の求め方が示してある．図 5.3(a) はセルセンター・モデルによって作図したパターンで，どの多角形も中心点がきっちり決まっている．図 5.3(b) は一般の多角形パターンで中心点がきっちり決まらない．このようなときのために，近似的に中心を求める方法とズレの大きさを定量的に求める方法をつくった [Honda 1978]．これにより一般の多角形パターンの，セルセンター・モデルの多角形パターンからのズレ Δ を得ることができる．多角形パターンがセルセンター・モデルに合わないと Δ は大きくなる．このようにしてこのモデルがどんな精度で適用できるかが定量的にわかる．また図 5.3(b) には，近似的に決めた点分布を使ってもう一度多角形パターンを描いたパターンを破線で示した．これははじめに与えられた多角形パターン（実線）をセルセンター・モデルで近似したことになる．近似の精度はズレ Δ の大きさでわかる．

さて，それではこのモデルを多角形パターンに応用した例を示そう．いくつかの多角形パターンをセルセンター・モデルで解析した例を**図 5.4** に示す．図 5.4(a) は網膜色素上皮の培養皿でのパターンで，セルセンター・モデルで近似した結果が中央列の図である．顕微鏡写真をトレースしたもの（実線）とセルセンター・モデルで近似したもの（破線）を重ねて示す．実際の細胞パターンはこの程度に近似できた．図 5.4(b), (c) はそれぞれ肺上皮細胞と軟骨細胞の培養皿でのパターンである．いずれも Δ が 0.01 程度のズレの大きさで記述できた．

以上に示すように，細胞集団を点の集団で記述できるようになった．これを使って次に示すように細胞分裂や細胞消失を記述し，細胞の秩序ある配列形成のメカニズムを研究した．

細胞分裂

ヒトデ胚（胞胚期）の発生過程を経時的に撮影した．1 つの細胞

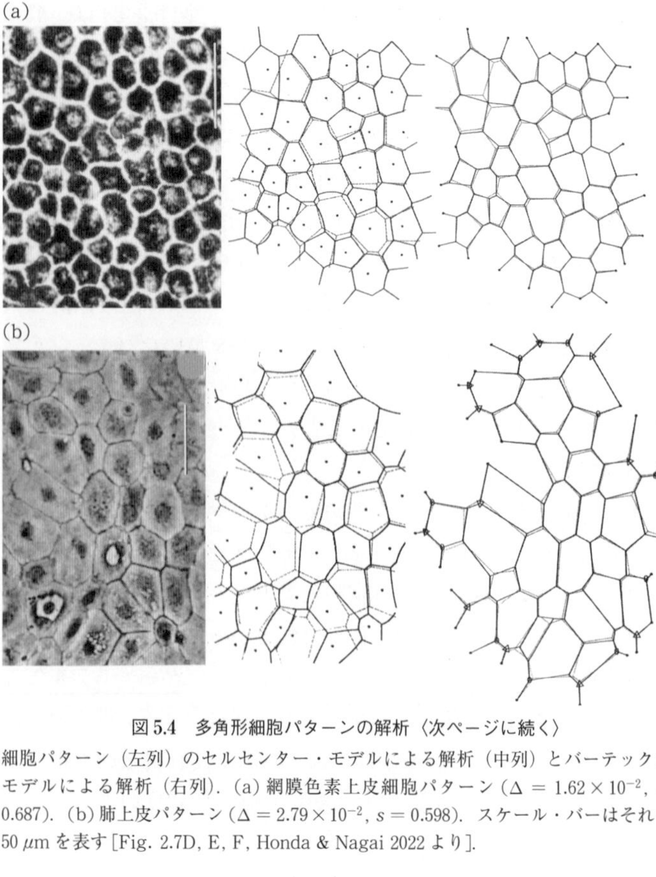

図 5.4　多角形細胞パターンの解析〈次ページに続く〉

細胞パターン（左列）のセルセンター・モデルによる解析（中列）とバーテックス・モデルによる解析（右列）．(a) 網膜色素上皮細胞パターン（$\Delta = 1.62 \times 10^{-2}$, $s = 0.687$）．(b) 肺上皮パターン（$\Delta = 2.79 \times 10^{-2}$, $s = 0.598$）．スケール・バーはそれぞれ 50 μm を表す [Fig. 2.7D, E, F, Honda & Nagai 2022 より]．

が分裂して 2 細胞になった結果が記録されている（**図 5.5**(a)，右図は左図の 1 時間 25 分後である）．これはセルセンター・モデルによると細胞を表す 1 つの点が 2 つの点に置き換わることである．図 5.5(b) 左図の黒点で示した細胞が分裂する細胞である．セルセンター・モデルを使って図 5.5(b) 右図のような結果を得た（方法の

(c)

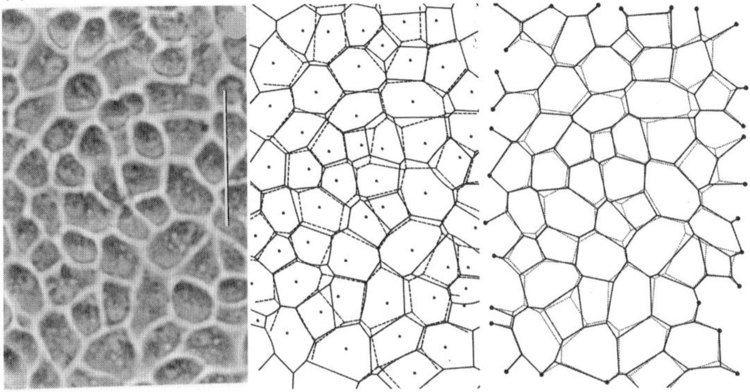

図 5.4　多角形細胞パターンの解析〈続き〉

細胞パターン（左列）のセルセンター・モデルによる解析（中列）とバーテックス・モデルによる解析（右列）．(c) 軟骨細胞パターン（$\Delta = 2.18 \times 10^{-2}$, $s = 1.84$）．上皮細胞でない (c) の s 値は大きい．スケール・バーは 50 μm を表す [Fig. 2.7D, E, F, Honda & Nagai 2022 より]．

(a)

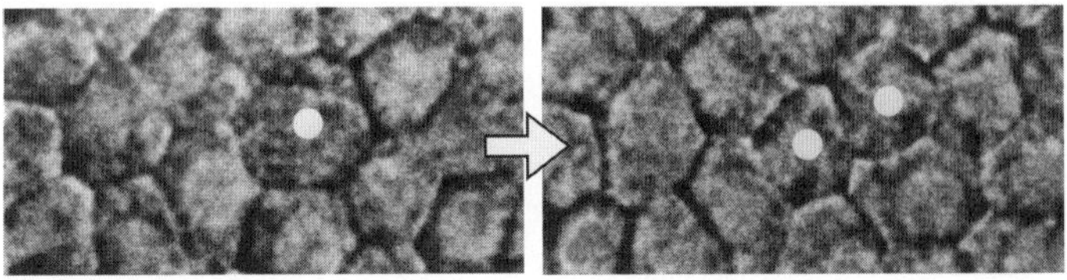

(b)

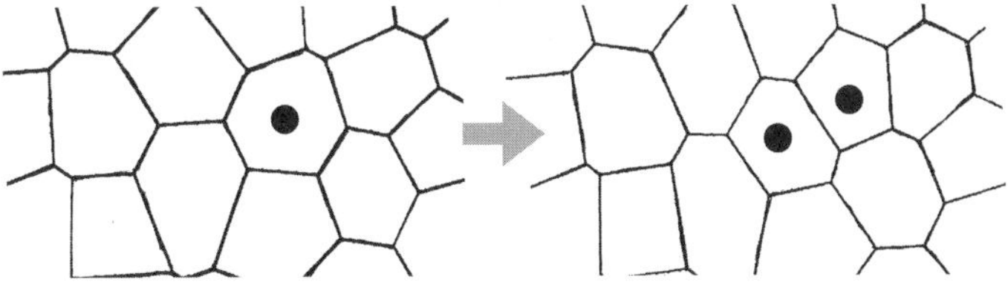

図 5.5　細胞分裂パターンの細胞モデルによる解析

(a) ヒトデ胞胚の細胞分裂．右図は左図の 1 時間 25 分後 [Fig. 4, Honda *et al*. 1984 より]．(b) 細胞モデルで近似したパターン（左）と，それに基づいて細胞モデルを使って分裂後を予想した細胞のパターン（右）[Fig. 5, Honda *et al*. 1984 より]．

詳細は[Honda *et al*. 1984]). 分裂後の観察に近いパターンがセルセンター・モデルにより得られた.

細胞の消失

形づくりの過程で少数の細胞がなくなってしまうことがある. 死ぬことがあらかじめ発生プログラムで決められている細胞死(programmed cell death)も知られている. 人為的に細胞1つをつぶしたあとの観察があるので, この過程をセルセンター・モデルで

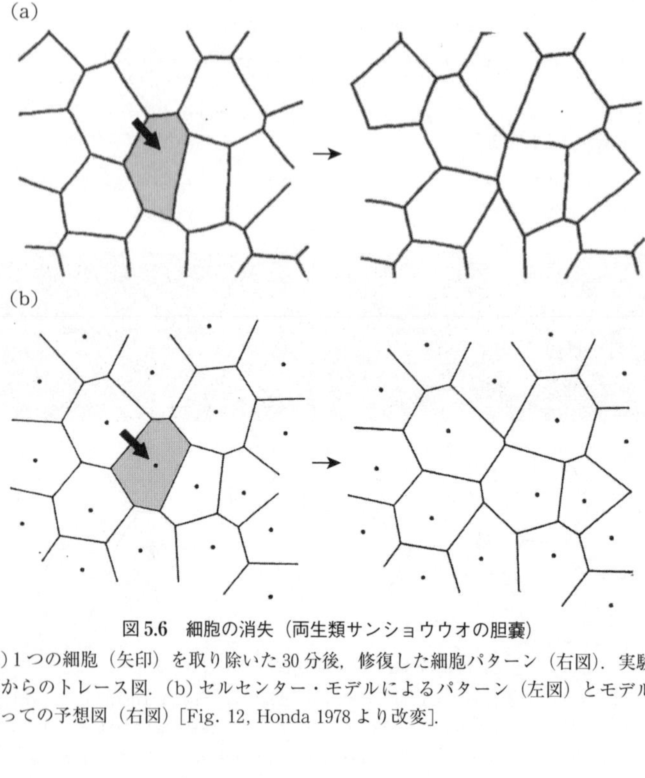

図5.6　細胞の消失（両生類サンショウウオの胆嚢）

(a)1つの細胞（矢印）を取り除いた30分後, 修復した細胞パターン（右図). 実験写真からのトレース図. (b)セルセンター・モデルによるパターン（左図）とモデルを使っての予想図（右図）[Fig. 12, Honda 1978より改変].

再現してみた．つぶれた細胞に対応する細胞の中心点を削除した結果を計算から求めるのである [Honda 1978].

図 5.6(a) はサンショウウオの胆囊《のう》の細胞を 1 つ除いたあとの観察である．観察の写真をトレースした図で示す．左図の矢印で示した細胞をつぶした 30 分後の結果が右図である．この実験は細胞間の結合の変化を調べるためのものであるが，ここでは顕微鏡写真で見たパターンの変化に注目する．細胞の写真からセルセンター・モデルで細胞中心を求め，その点分布に基づいてつくったパターンが図 5.6(b) 左図である．実際のパターンをセルセンター・モデルで近似した図になっている．この図の矢印に示す点を取り除いてセルセンター・モデルによる多角形パターンを求めると図 5.6(b) 右図になった．図 5.6(a) 右図と比較すると，再現の程度がわかる．

細胞の秩序ある配列

哺乳類の皮膚の表皮組織は扁平な細胞が何層にも積み重なったもので，この細胞は特殊な上皮細胞である（**図 5.7**(a)）．皮膚の，外からの撹乱が少ないところでは表皮細胞が整然と積み重なっている．この細胞はケルビンの 14 面体とよばれる多面体を平たくしたもので，3D 空間に隙間なく積み重なっているという観察がある (図 5.7(b))，[Menton 1976]．細胞は皮膚表面に垂直に積み重なったカラムを形成し，最下層の基底層の細胞が分裂するのだが，平たく変形して上方に移動する．細胞はケラチンを多量に含む力学的に頑丈な細胞に変わり（角質化する），最上層では垢となってはがれ落ちる．ここで見られる整然とした積み重なりは細胞が自ら行ったもの，すなわち混み合った中で細胞が移動するときにそれぞれすいたところに動くことで説明できることをセルセンター・モデルで示した．以下が詳細である．

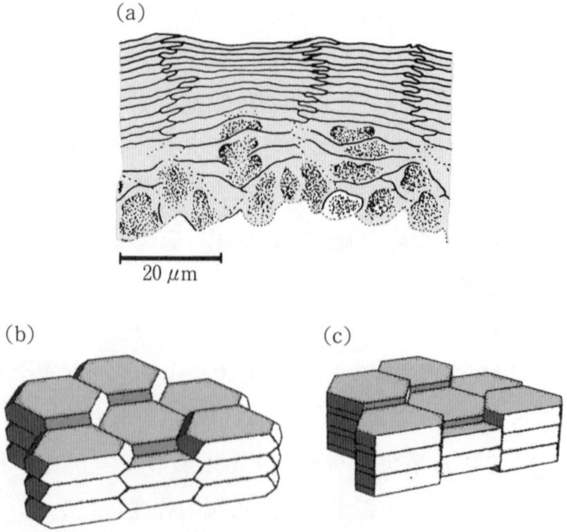

図 5.7　扁平な細胞の積み重なり

(a) マウスの耳の表皮細胞の積み重なり．(b) 扁平化したケルビン 14 面体の積み重なり．(c) 図 (b) を単純化したもの [Fig. 1, Honda *et al*. 1996a より改変].

まず説明のための**図 5.8**(a) を見てほしい．はじめにできた層（第 1 層）は細胞がでたらめに配置している（細胞の位置を●で示す）．次に下から供給された細胞は，上層の隣り合った細胞の中間の真下（第 2 層の M）が混み合いの少ないところだから，そこに定置する．この層に細胞が埋まったら次の下層でまた同じように埋まっていく．これが繰り返されると細胞は次第に等間隔に並ぶようになる．はじめにできた上方の層の細胞は剝がれてなくなるから層は等間隔に並んだ細胞ばかりになる．

実際の細胞が並ぶ層は線でなく面であるから，層の細胞は，面での配置を考えなくてはならない．**図 5.9**(a) は面に細胞がでたらめに配置した第 1 層である．第 1 層の細胞間による混み合っていないすいた位置は，第 1 層の隣同士でできた三角形の中心の点で

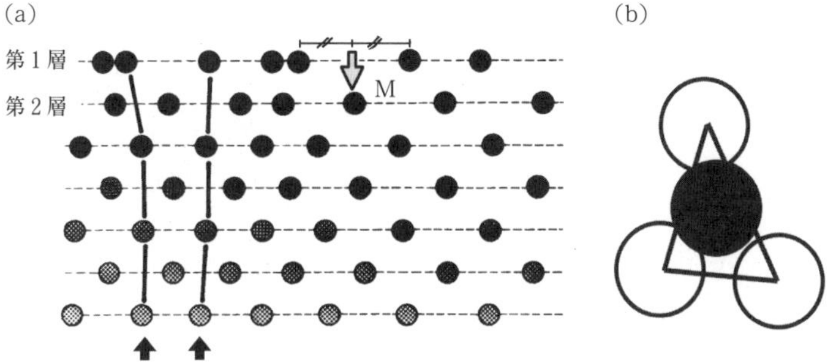

図 5.8　すでに配置の決まった細胞の間に配置される

(a) 表皮細胞の積み重なり．2D 空間での説明．最初の細胞の並びはランダムでこれが第 1 層である．このあと細胞は下の基底層から供給され上にあがってくる．第 2 層の細胞の位置は，第 1 層の細胞間の中点の直下になる（M で示す）．この位置決めを繰り返すと，あとの細胞の並びは規則的になり最下層の並びはほぼ等間隔になる（2 つの黒矢印）[Fig. 2, Honda *et al*. 1979 より]．(b) 表皮細胞の 2D 平面での配置の説明．分布する面を下から見上げたもので，第 1 層に配置されている細胞（位置を○で示す）がつくる三角形の中心が第 2 層に配置される細胞（位置を●で示す）の候補点である．アルゴリズムは [Honda *et al*. 1996a] を参照のこと．

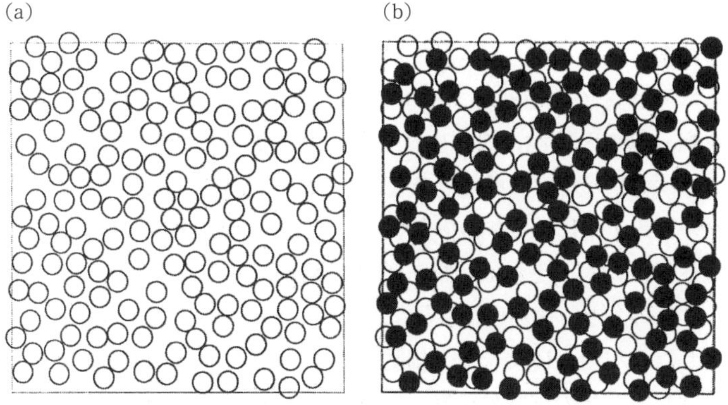

図 5.9　3D 空間での表皮細胞の配置（下から仰ぎ見た図）

(a) 第 1 層．(b) 第 1 層と第 2 層．第 1 層，第 2 層に配置されている細胞をそれぞれ○と●で表す [Fig. 4, Honda *et al*. 1996a より]．

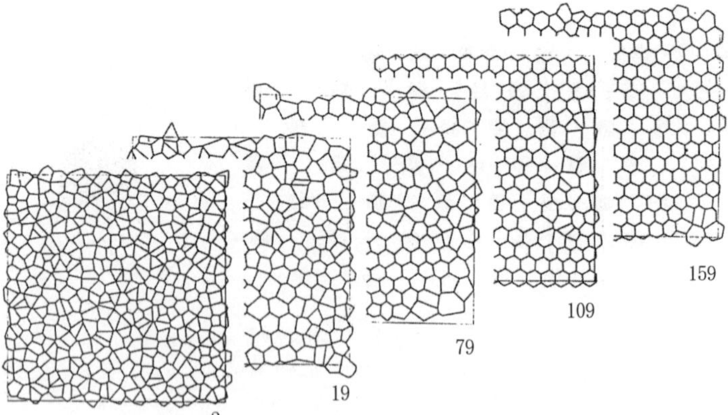

図 5.10　3D 空間での表皮細胞の積み重なりのシミュレーション結果
数字は上層からの層の数 [Fig. 5, Honda *et al*. 1996a より].

あり，その真下（第 2 層）に細胞が配置される（図 5.8(b)，黒丸）．図 5.9(a) においてこれを繰り返すことで黒丸で示す第 2 層ができた (図 5.9(b)，黒丸)．次に第 3 層での細胞の配置は同じように，第 2 層の細胞でできた三角形の真下に決める（ここで使ったアルゴリズムは原著論文 [Honda *et al*. 1996a] を参照)．このような積み重ねを繰り返すと細胞は次第に整った配置になる．この立体的な配置を表すのに，細胞の層とその上と下の層，計 3 層の細胞でセルセンター・モデルによる多面体をつくり，この多面体の境界を垂直な面で置き換えた．それは，図 5.7(b) を図 5.7(c) のような角柱に変形し，そのあと，平面に投影した．このパターンを一部重ねて並べ図示したのが**図 5.10** である．細胞の並びが整っていく様子がわかる．

細胞集合体の細胞の位置を点の位置で表す数理モデルを使って，このような秩序形成の機構を調べることができ，細胞が混み合っていないところに定置することで全体として秩序ある構造ができることが確かめられた.

セルセンター・モデルのその他の応用

はじめに述べたように(5.1節), ここでセルセンター・モデルとよんでいるボロノイ・モデルは, 生態学のなわばり研究などでも使われている応用範囲の広いモデルである. 私自身もこのモデルを, 血管網や血管分岐の研究(2.5節)や, クンショウモのパターンの研究[Fig. 5, Honda 1978]のほか, 樹木の枝が葉の分布を決め, この分布が日光に露出する面積を拡大するのだが, このときの葉の束の面積の計算にも使った[Honda & Fisher 1978; 1979].

5.2 バーテックス・モデル

セルセンター・モデルは細胞一つひとつを点で代表し細胞の移動, 増加, 消失を点の移動, 増加, 消失で表した. こうして細胞の振る舞いを単純に記述することができた. しかしここで使った「点」は実際の組織で実体に当たるものがない. 多くの場合1個の細胞のマスの中心付近に代表点を仮想したことになる. 細胞の核がセンターと考えたいところだが, 核は必ずしも細胞の中央にあるわけではない. ところが, 実際の多角形細胞の頂点や細胞境界は, このあとに述べるようにタンパク質として実在する. そこでこれらを点や線として記述した細胞モデルをつくった. これを細胞のバーテックス・モデルとよぶ. バーテックス・モデル作成の初期に, バーテックスである頂点間の細胞境界長に目をつけた境界短縮モデルをつくったが, やがてさらに一般的な力学を取り入れたバーテックス・ダイナミクスを使うことになった(第6章参照).

細胞の細胞膜の裏打ちとしてFアクチンなどでできたマット状

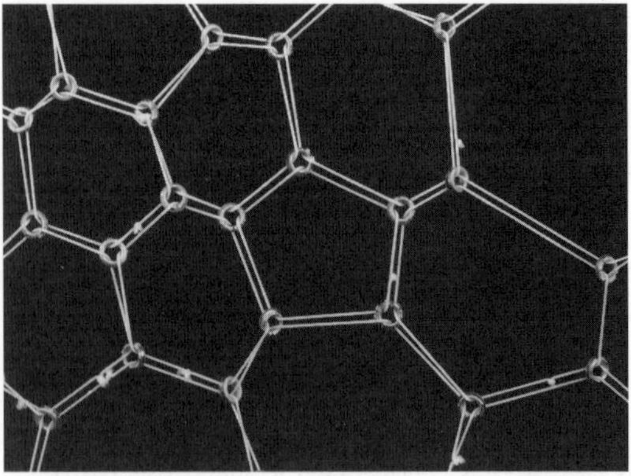

図 5.11　緊張している多角形細胞パターンの模型

閉じたゴム輪と小さな金属輪を使って作製[Fig. 4.1, Honda & Nagai 2022 より].

の構造が知られている．これは細胞表面の収縮に働いていると考えられる．また上皮組織では，そのアピカル側の隣接細胞との境界線は多くの場合多角形を呈しており，その辺に沿ってアクトミオシンの繊維の束が走行している（図 4.4 参照）．それゆえ上皮組織の示す多角形パターンでは，その辺が収縮していると考えられており，実験的に実証もされている [Owaribe *et al*. 1981]．そこで我々は上皮組織について**図 5.11** に示すような模型を考えた．ゴム輪をたくさん用意して，隣り合ったゴム輪を小さなリングでつないで多角形パターンをつくるのである．この多角形パターンが実際の上皮組織の多角形パターンにどれだけ近いかを解析する方法を考えた．これを境界短縮操作 (boundary shortening procedure: BS procedure) とよんでいる．この操作については 5.2.1 項で述べる．1980 年にこの模型をつくったころ，辺についてはアクトミオシンの繊維束という実体があったが，3 辺が会合する頂点（模型の小さなリングにあたるもの）の実体は知られていなかった．境界短縮操作を使った解析は頂点に当たるものの実体が不確定なまま行ったのだが，この実体は 2005 年に発見された [Ikenouchi *et al*. 2005; Furuse *et al*. 2014]．そこでは実体について詳しく研究され，Angulin-1 やその関連タンパク質の Tricellulin などが頂点に当たるものを構成していることが明らかにされた．モデルをつくる段階で実在するはずと考えられていたものが，モデルのあとで実証された．アイデアが実在の実証に先立っていた．

5.2.1　境界短縮操作 (BS procedure)

多角形パターンを呈する細胞シートを図 5.11 に示す模型のようなものと考えた．多角形の頂点は 3 つの辺が会合したもので，辺長は収縮している．この部分を取り出して**図 5.12** のようなものをイメージする．周囲の 3 点は固定していて中の交点は可動である．このとき 3 辺の長さの和が最小なのは，幾何学の定理で各辺同士がお

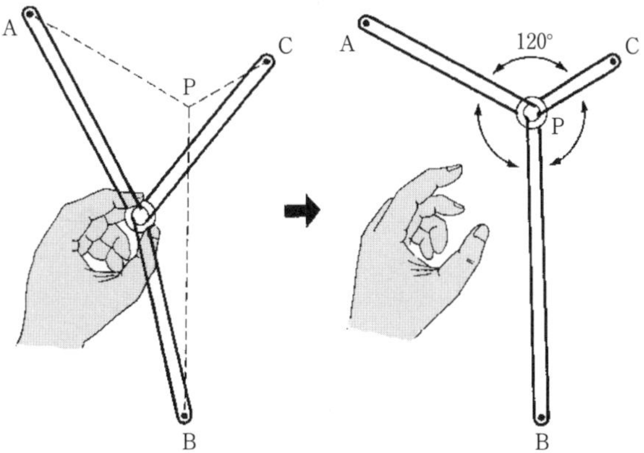

図 5.12　三辺の和が最短の配置

この配置が可能ならば，長さの和 (AP+BP+CP) が最短になるのは，互いの角度が 120°になったときである [図 1.12, 本多 1991 より]．

互いに 120° で交差しているときであると知られている．これを使って与えられた多角形パターンを手直しして，辺長の総和が小さいパターンがつくれるのではないか．そうなら，与えられたパターンが辺長収縮の原理でできているかどうかを知ることができる．辺に沿ってアクトミオシンの束が走行している細胞シートがあるのだから，これは魅力的な話だ．それには，パターンの中で頂点を任意に選んで，その周囲の 3 点を一時的に固定したまま中の頂点を 3 辺和が最小になるように動かす．この操作を中のすべての頂点について

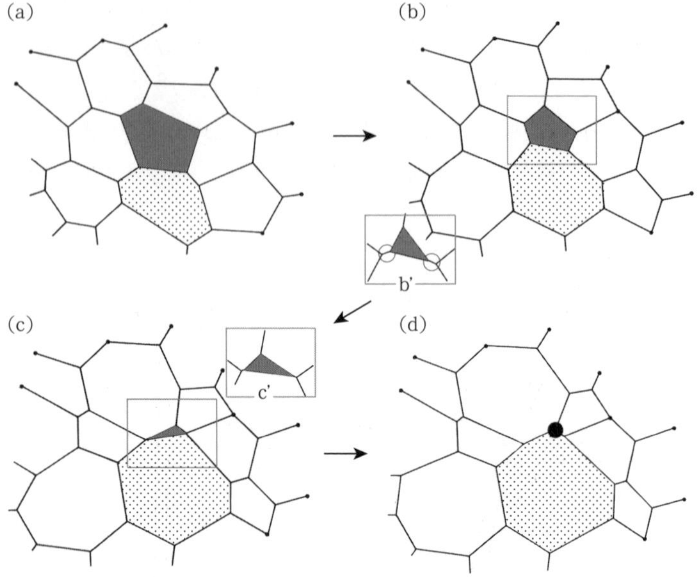

図 5.13　一点に会する 3 辺の和が最小になるアルゴリズム（図 5.12）を使って，多角形パターンの辺長を短くするシミュレーションを行った結果

五角形（グレー）がどんどん小さくなり，ついにはなくなってしまう（(d) 黒点）．七角形（網点）は逆に大きくなる．矩形で囲った挿入図 b', c' は頂点のつなぎ換えにより多角形が変形する過程を示す [Fig. 27, Honda 1983 より改変].

コツコツ行うのだ．この操作で多角形パターンが境界長の短いものに変わるだろう．大きく変わったら元の多角形パターンは辺長が収縮していなかったことになる．この操作により与えられた多角形パターンがどんな原理でつくられたパターンだったかを調べることができる．実際にこのための計算のプログラムを組んで試みた．そうするとこの操作で多角形の面積が変わってしまう（**図 5.13**）．六角形より角数の小さな多角形は小さくなり，角数の大きな多角形はどんどん大きくなる．ついには全体が 1 つの大きな多角形になってしまいそうだ．なるほど，確かにそうなった方が辺長の合計は小さくなる．

このとき，多角形の面積を変えないまま多角形パターンを変える幾何学があることを知った［高木 1978］．それは，頂点でなく 1 つ

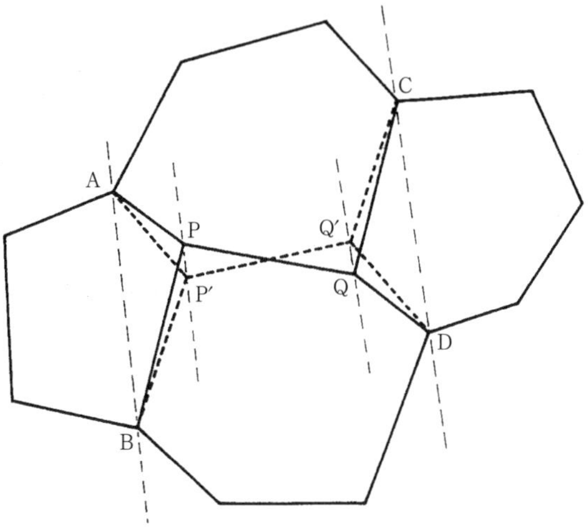

図 5.14　境界短縮操作の素過程

周りの 4 個の多角形の面積を変えぬまま線分 PQ を動かして，境界長の合計を小さくすることができる［Fig. 3, Honda *et al*. 1986 より］．

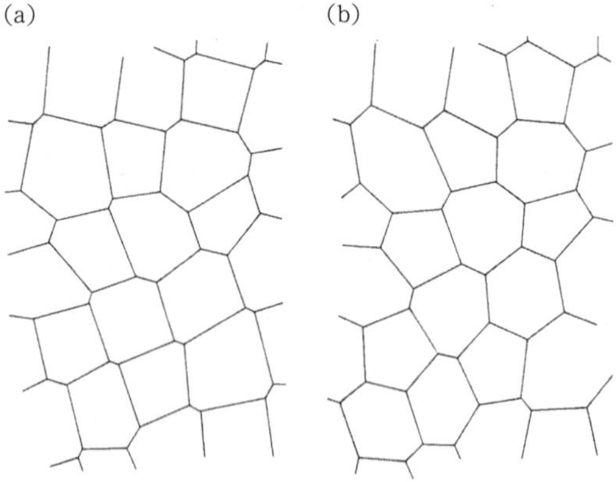

図 5.15　境界短縮操作の例

与えられた多角形パターン (a) に境界短縮操作を施すと，各々の多角形の面積は変わらぬまま，境界の短いパターン (b) に変わる [図 1.14，本多 1991 より].

の辺を動かす方法だ．**図 5.14** の頂点 A, B, C, D を一時的に固定して辺 PQ の両端の頂点を動かす．まず点 P を AB に平行に動かす．三角形 ABP の面積は変わらない．APQC の多角形と BPQD の多角形は面積が変わるが，このとき，P を動かしたときに変わる分だけ Q を CD に平行に動かして，面積の変化を補正する．このようにして関係する多角形の面積は変えないまま辺を少しだけ動かすことができる．この方法を使って P と Q を動かして，5 つの辺長和 $(AP + BP + PQ + QC + QD)$ を計算しながら和を小さくしていく．辺長和を最小にしたら，次に別の辺をでたらめに選び，同じように辺長を小さくしていく．この方法（境界短縮操作）はうまく働いた．

細胞パターンではないが，多角形パターンに境界短縮操作を施した見本を**図 5.15** に示す．(a) のパターンに境界短縮操作を施すと (b) のように変わった．3 辺の交差する角度が 120°に近くなり，辺

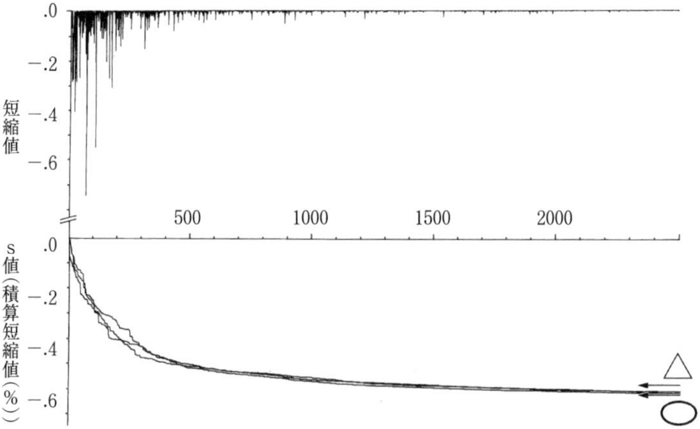

図 5.16　境界短縮操作の過程

肺上皮細胞の多角形パターン（図 5.4(b) 右図）に対して行った．上段は各ステップでの境界長の減少．下段は境界長の減少の積算．△と○は多角形パターン（図 5.4(b) 右図）の周囲の固定した頂点を変更した場合の変化を示す．図 5.4(b) 右図に固定した点をそれぞれ△と○で小さく示している．積算値は大きくは違わない [Fig. 3, Honda & Eguchi 1980 より翻訳].

長の長短の差も小さくなっている．これが境界を短縮したときの多角形パターンである．

実際の細胞パターンで境界短縮操作を行った例を示そう．図 5.4(b) 右図に示した肺上皮細胞の培養皿での多角形パターンにこの操作を施した過程を**図 5.16** 上段に示す．多角形パターンの辺を任意に選んで短縮操作を行った．この操作 1 回で減少した辺長を下向きの 1 本の縦線で示す．次々に乱数で辺を選んで同じことを行う．この場合，2000 回ほど短縮操作を行うと，もうほとんど短縮しなくなった．合計でどれだけ辺長が縮小したかを図 5.16 下段に示す．全体の 6% くらい短縮した．この操作を行うときに使う乱数のシリーズを変えて，3 通りのシミュレーションを行い経過を重ねて示

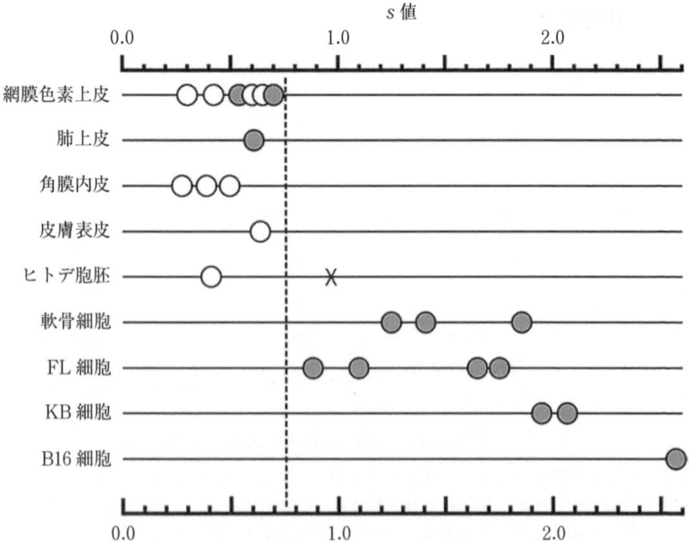

図 5.17　種々の多角形細胞パターンでの境界長短縮の割合（s 値）

上皮シートの多角形細胞パターンでは s 値は小さい [図 9, 本多・江口 1988 より].

したが，漸近値はほとんど変わらなかった．また短縮操作中パターンの最外周の点は固定しておかなければならないが，どの点を固定するかで収縮の値は少し異なる．固定する頂点を一部変更して図 5.4(b) 右図に△印と○印で示した．このときの計算結果を図 5.16 下図に△印と○印で示す．これらの操作で収縮の数値は大きくは違わなかった．

境界短縮操作をいろいろな細胞パターンで行って短縮のパーセント（s 値）を求めた．まとめた結果を**図 5.17** に示す．上皮細胞からできている in vitro 網膜色素上皮組織（図 5.4(a)），in vitro 肺上皮組織（図 5.4(b)），in situ 角膜内皮組織，in situ 皮膚表皮組織，in situ ヒトデ胞胚組織では s 値が小さく，軟骨細胞を平面で培養したもの（これは上皮組織でない．図 5.4(c)）や培養株細胞である FL 細胞，癌細胞株である KB 細胞や B16 細胞では s 値が大きい．このような結果から，境界短縮操作によって s 値を求めることで，細胞が上皮的かそうでないか判断ができた．図 5.17 のヒトデ胞胚では×印で示すような s 値が大きいときがあるが，これは発生過程で胞胚形成が未熟な状態のときである．5.2.2 項で詳しく説明する．

5.2.2　数理モデルを使って発生過程を追う

これまでセルセンター・モデルとバーテックス・モデルについて述べてきた．この 2 つのモデルはそれぞれ特徴のあるモデルで，どちらの方が優れているというようなものではない．セルセンター・モデルは細胞集合体中の細胞が互いに押し合う側面を取り上げたモデルであり，バーテックス・モデルは細胞が互いに接着し収縮する側面を取り上げたモデルである．それぞれ細胞の性質の違いを表すモデルである．この細胞の性質の変化は，以下に示すように実際の生物の発生過程で起こるものだった．

受精卵が細胞分裂を繰り返し多細胞になったとき，最初に行う形態形成は胞胚形成，すなわち上皮シートの袋を作ることである．**図 5.18**(a) はヒトデ胚の胞胚形成を模式的に示した図である．球形の細胞が球面に並ぶのだが，このあと細胞は球形から多面体に変わり，隣り同士の細胞がほとんど隙間なく並ぶ．胞胚の球表面を顕微鏡写真で記録したものをトレースして得た多角形パターンを 2 つのモデルで解析した．セルセンター・モデルからは 5.1 節で述べたモデルのパターンからのズレ Δ が得られ，バーテックス・モデル（境界短縮操作）からは s 値が求まる．s 値は境界の短縮の程度を示し，これが大きいことは上皮シートからズレていることを表す．結果を図 5.18(b) に示す．ヒトデ胞胚の細胞パターンは発生が進む

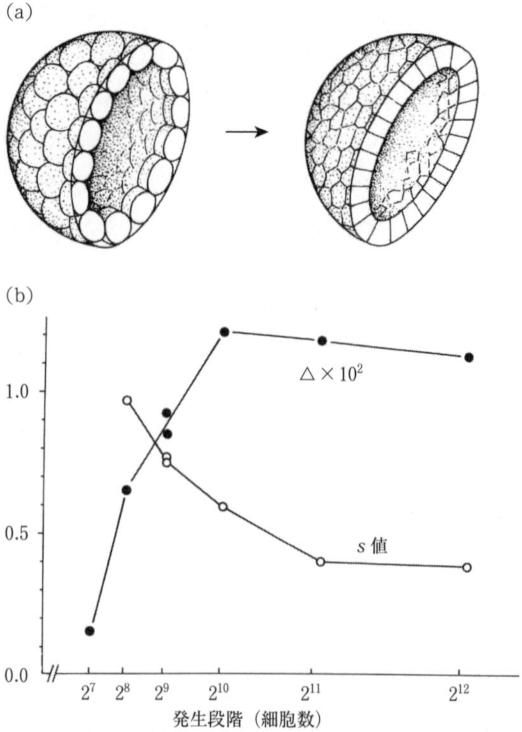

図 5.18　ヒトデ胚発生過程での多角形細胞パターンの解析

(a) ヒトデ胚桑実胚期から胞胚期への説明図 [本多 1991 より改変]. (b) 発生ステージでの Δ 値（セルセンター・モデルからのズレ）と s 値（境界長短縮比）の変化 [Fig. 8, Honda *et al*. 1983 より].

とセルセンター・モデルからズレ始め（Δ が大きくなり），s 値は小さくなる．言いかえれば単なる球の詰まったパターンではなくなって，細胞境界長が収縮したパターンになっていく．数理モデルを使って発生過程のこのような変遷が納得できるように記述できた．

この細胞の転換は細胞モデルを使って幾何学的に描けば図

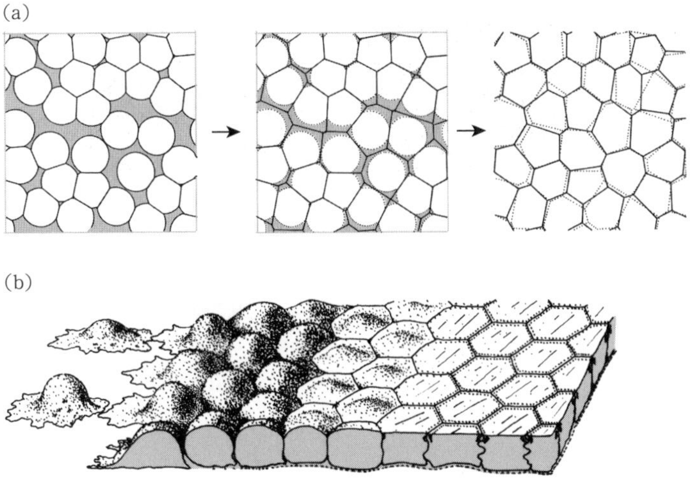

図 5.19　細胞集団から上皮シートへの転換の細胞モデルによる記述

(a) 左図と中央図はセルセンター・モデルによる記述，右図はバーテックス・モデルによる記述 [Fig. 43, Honda 1983 より改変]．(b) 3D 俯瞰図 [図 11，本多・江口 1988 より改変]．

5.19(a) のようになる．セルセンター・モデルで細胞の径を大きくしていくと（左図 → 中央図），セルセンター・モデルの多角形パターンになる．この多角形パターンに境界短縮操作を施せば右図（実線）のようになる．図 5.19(b) は細胞が集まってシートを形成するとき，単に細胞が詰まった状態と細胞が上皮細胞になりアピカル表面が緊張する状態との 2 つがあることを示す図である．

5.2.3　頂点がつなぎ換わって細胞が並び変わる

多角形細胞パターンに境界短縮操作を使って変形を進めていくと，パターンの変形が進まずに止まってしまう場合がある．辺長の合計を小さくする短縮操作をしている最中のことである．変形が止

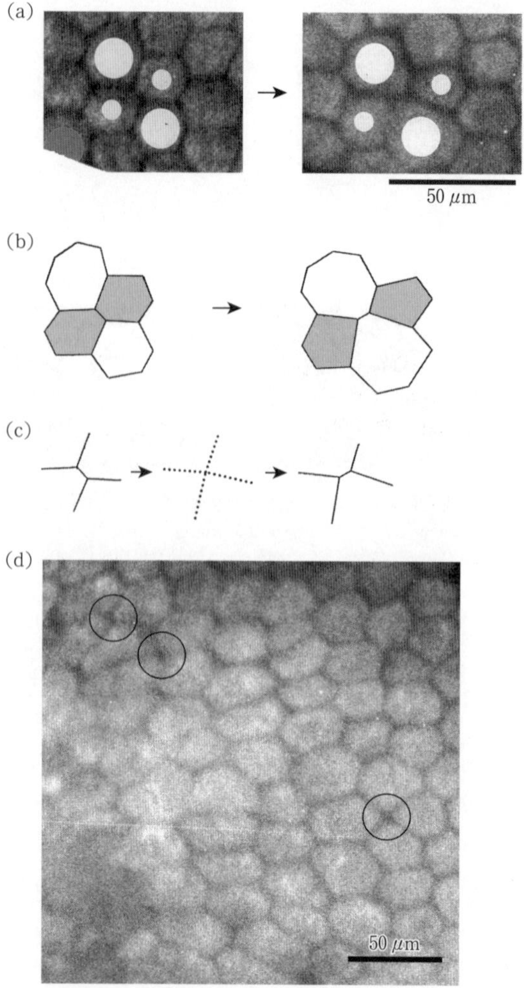

図 5.20　角膜内皮組織の修復過程で見られる細胞境界のつなぎ換え

(a) 右図は左図の 1 日後．(b)，(c) 多角形細胞とその境界のトレース．(d) つなぎ換え最中の「X」パターン [Fig. 4.11, Honda & Nagai 2022 より改変]．

まったパターンには1つの頂点に3つではなく4つ辺がつながっているように見える箇所があり，その頂点はよく見ると短い辺でつながった2つの頂点である．そこで**図 5.20**(c) のように二頂点間をつなぐ短い辺のつなぎ換えを行った．短い辺の方向が 90°回転するようなつなぎ換えである．このあと再び境界短縮の計算を続けると，短い辺は長くなってパターンの変形が先に進む．この頂点を取り巻く4つの多角形を眺めると（図 5.20(a), (b)），多角形の並び替えが起こったことで，隣り同士だった2つの多角形の間に別の2つの多角形が割り込んでいる．この過程で短い辺が十分に短ければ，このつなぎ換えで4つの多角形の面積の変化はほとんど起こらない．多角形の辺長や面積に大きな変化が生じないで多角形が並び変わるという大規模な配置の変化を起こしている．

頂点のつなぎ換えをさらに調べた．**図 5.21**(a) 上段のパターンは人為的に横幅を広げた多角形パターンで，多角形が横に細長くなっている．この多角形パターンに境界短縮操作を行った．この図 5.21(a) 中段のパターンに示すようにたくさんの短い辺ができた．短い辺の多くは画面の縦方向である．これらの短い辺を図 5.20(c) に示すように，横方向にするつなぎ換えを行って境界短縮操作を続けると，図 5.21(a) 下段に示すように，はじめは横長だった多角形が劇的にコロリとした多角形に変わった．このパターンの変化の過程は図 5.21(b) を見ると明らかである．はじめは横長で上下に積み重なった2個の多角形が，5回の頂点のつなぎ換えで，多角形は2個のコロリとした横並びに変わっている．頂点のつなぎ換えはパターン形成の記述になくてはならない過程のようである．

この頂点のつなぎ換えは，物理学における合金でのドメイン・パターンや，石けん泡のパターンのバーテックス・モデルでは T1 過程とよばれ，以前から使われていた [Nagai & Fuchizaki 2000]．そ

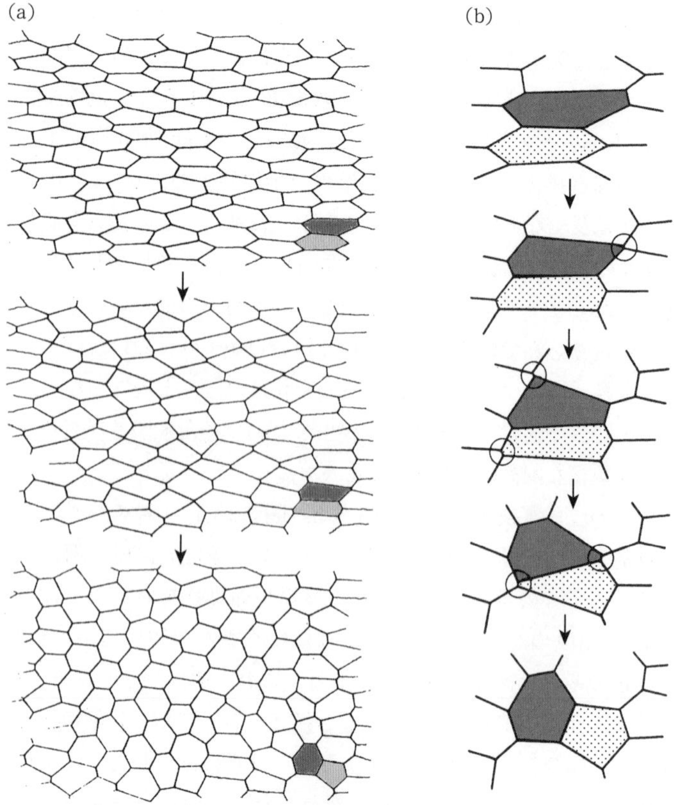

図 5.21　辺長和が最短になるパターン

(a) 細胞境界のつなぎ換えによる多角形パターンの変化．上段の図は多角形パターンを横方向に 3 倍引き伸ばした，人為的につくられたパターン．これに境界短縮操作を行うと，中段の図のように，短い境界ができる．短い境界につなぎ換えを行いながら境界短縮操作を行った結果が下段の図 [Fig. 7b-d, Honda *et al*. 1982 より改変].
(b) 図 (a) の中の 2 個のグレーの多角形の変化の詳細．上下に隣り合っていた多角形が，5 回のつなぎ換えにより左右に隣り合うようになった [Fig. 9, Honda *et al*. 1982 より改変].

うはいっても生物の細胞でもこんなことを仮定してよいか心配だったのだが，哺乳類（ネコ）の眼の角膜内皮組織での実験で実際にこれが起こっていることが明らかになった [Honda *et al*. 1982]．人工的な培養系の細胞でなく，生きた動物の身体の中でのことである．図 5.20(a) は実際に起こっていることを示す写真である．この途中の過程である X パターンも実際に見られている（図 5.20(d)）．これは自然に起こる現象であった．そして第 7 章で述べるように，組織が細胞の並び替えを経て大きな形態変化を起こす収斂拡張 (convergent extension：CE) につながる重要な現象だった．そこで頂点のつなぎ換えのアルゴリズムをつくり，次の章で述べるバーテックス・ダイナミクスのプログラムに組み込んだ．今日ではショウジョウバエなどたくさんの細胞種で細胞境界を蛍光色素で鮮やかに染め出し，細胞パターンをムービーなどで経時的に観察できるようになり，つなぎ換えや並び替わりは珍しくない現象になった．これは 1980 年代にすでに，生きた哺乳動物の組織の細胞で実際に観察されていたことである．

6

バーテックス・ダイナミクスとその応用

ねらい 本章では，バーテックス・モデルは偏微分方程式で記述されるダイナミクスに改められる．これまで時間は計算ステップの人為的な連なりであったのが，連続変数としてシステムに組み入れられる．

6.1 2D バーテックス・ダイナミクス

6.1.1 バーテックス・ダイナミクス (vertex dynamics)

バーテックス・モデルの境界短縮操作は，多角形パターンにおいて多角形細胞の面積は変えないまま，多角形の全辺長が小さくなるような頂点（バーテックス）の配置を決めることであった．物理学の分野ではこの問題を，合金の微細なドメイン構造や石けん泡の集まりの多角形パターンについて，微分方程式を使ったダイナミクスを使って解かれていた．このシステムをつくって使用されていた長井達三博士（九州共立大学）を共同研究者として生物学の分野でも多角形パターンの研究を始めた [Nagai & Honda 2009]．使われる

運動方程式は

$$\eta \mathrm{d}\boldsymbol{r}_i(t)/dt = -\partial U(t)/\partial \boldsymbol{r}_i \tag{6.1}$$

である．目的は頂点 i の位置 $\boldsymbol{r}_i(t)$ が時刻 t とともに動く様子を計算することである．頂点 i の位置はベクトルで表され，すべての頂点 i と時刻 t についてこれを計算すれば形とその変化，すなわち形態形成がわかる．式の右辺は，$\boldsymbol{r}_i$ の微小変位によるポテンシャルエネルギーの変化による力で，この力が頂点 i へかかる．$U(t)$ はシステム全体のポテンシャルエネルギーである．頂点 i が $\partial\boldsymbol{r}_i$ だけ動いたときのポテンシャルエネルギーの変化が $\partial U(t)$ である．右辺はこのときに生じる力を表している．ポテンシャルエネルギーの減少が力を発するからここの符号はマイナスになっている．左辺には，右辺の力を受けて頂点 i が媒質の中を動くのだが，このとき頂点 i には媒質の粘性 η と頂点 i の速度 $\mathrm{d}\boldsymbol{r}_i(t)/dt$ に比例した力がかかる．頂点 i は質量がないから他の運動方程式のような慣性力は生じない．

式 (6.1) の運動方程式に従う運動には，ポテンシャルエネルギーの時間変化について注目すべき特性がある．ポテンシャルエネルギー U の時間微分を行い，運動方程式 (6.1) を仮定すると

$$\mathrm{d}U/\mathrm{d}t = \Sigma_i(\partial U/\partial \boldsymbol{r}_i)\cdot(\mathrm{d}\boldsymbol{r}_i/\mathrm{d}t) = -\eta\Sigma_i(\mathrm{d}\boldsymbol{r}_i/\mathrm{d}t)^2 \leqq 0. \tag{6.2}$$

頂点 i が運動方程式に従うとすれば，ポテンシャルエネルギー U は減少する（または変化しない）．決して増加することはないと言えるのである．これはとても使いでのある性質である．たとえば $A_1 + A_2 + A_3 + \ldots$ の合計をできるだけ小さくしたいときは式 (6.1) の U に $\Sigma_i A_i$ を使えばよい．どの A_i も A_o の一定値に近づけたいときは U に $\Sigma_i(A_i - A_o)^2$ を使えばよい．

6.1.2　多角形細胞パターンの形成

これまで境界短縮操作を使って解析してきた多角形パターンに運動方程式でできたバーテックス・ダイナミクスを使ってみよう．運動方程式は式 (6.1) を使う．ここでポテンシャルとつなぎ換えについて述べる．

ポテンシャル：ポテンシャルは以下のものを使う．

$$U = \sigma_{\mathrm{L}} \Sigma_{<ij>} L_{ij} + \kappa_{\mathrm{S}} \Sigma_{\alpha}^{n} (S_\alpha - S_{\mathrm{o}})^2 \qquad (6.3)$$

辺長の総和（第 1 項）と多角形面積の弾性項（第 2 項）の総和をそれぞれの重み σ_{L} と κ_{S} を使って加えたものである．i と j を辺の両端（頂点）とし辺を ij で表す．その辺長は L_{ij} である．$\Sigma_{<ij>}$ はすべての辺についての和である．この項があるから運動方程式はパターンの全辺長を小さくするように頂点の位置 $\boldsymbol{r}_i$ を動かす．ここで $i = 1, \ldots n$（n は可動な頂点の個数）．第 2 項の S_α は多角形 α の面積，S_{o} は我々が指定する面積である．$(S_\alpha - S_{\mathrm{o}})^2$ は弾性項とよぶもので，この項は変化する多角形の面積 S_α が指定した面積 S_{o} $(S_\alpha = S_{\mathrm{o}})$ のとき，値は最小値 0 となる．U にこの第 2 項があるから，運動方程式は頂点の位置 $\boldsymbol{r}_i$ $(i = 1, \ldots n)$ を動かして S_α が指定された面積 S_{o} に近くなるように働く．U には辺長の項と面積の弾性項があるから運動方程式は二者，〈 辺長短縮 〉と〈 面積を一定 〉を要請しているのだが，その優先度の割りふりを重みとして σ_{L} と κ_{S} が行う．5.2.1 項で行った多角形の面積を変えない条件（図 5.14）での境界短縮操作は σ_{L} に比して κ_{S} を大幅に大きくすることに相当する．面積に関する要請がない場合（図 5.12）は κ_{S} を 0 にすることに当たる．

つなぎ換え：すでに 5.2.3 項で述べたことの確認である．辺長につ

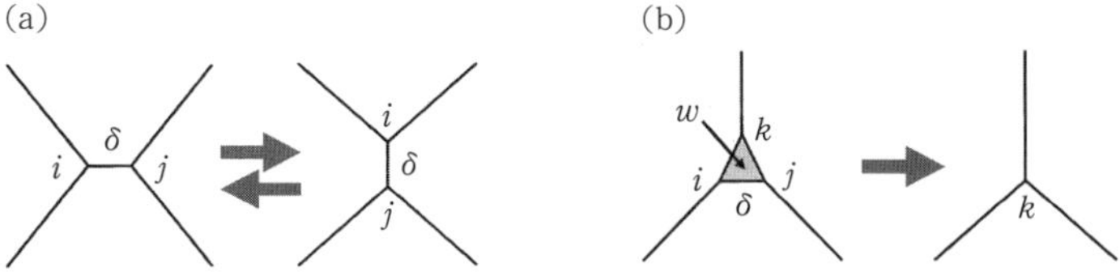

図 6.1　バーテックス・ダイナミクスで行う頂点のトポロジカルな変化

(a) 頂点 i, j をつなぐ細胞境界 ij のつなぎ換え (T1). (b) 小さな三角形 ijk がなくなって頂点 k に置き換わる (T2). δ は微小距離. w は微小な領域 [Fig. 2, Nagai & Honda 2009 より].

いて閾値 δ を設定しておいて，計算中に辺の長さが δ より短くなったときには，その辺に対して**図 6.1**(a) に示すような T1 とよばれている頂点のつなぎ換えを行う．このつなぎ換えで関係する 4 つの多角形の角数が変わる．短い辺で隣り合う 2 つの多角形の角数は 1 つ減り，他方の 2 つの多角形では角数は 1 つ増える．また多角形が三角形になってこの面積が小さくなっていくときには T2 とよばれる変換を行う（図 6.1(b)）．これにより三角形の 2 つの頂点が消失し三角形は 1 つの頂点になる [Nagai & Honda 2009].

以上に述べた準備のあと，バーテックス・ダイナミクスを実施する．はじめに 200 個の点の分布を乱数を使って作成し，この点分布に基づいてセルセンター・モデルにより多角形パターンを作った (**図 6.2**(a))．大きく乱れた多角形パターンである．これにポテンシャル（式 (6.3)）を使ったバーテックス・ダイナミクスを施した結果が図 6.2(b) と (c) である．多角形面積が一定という弾性項の効果は明瞭である．多角形の大小は小さくなった．また辺長短縮の効果により，各辺のなす角度の大小が小さくなり 120°に近いものが多くなった．

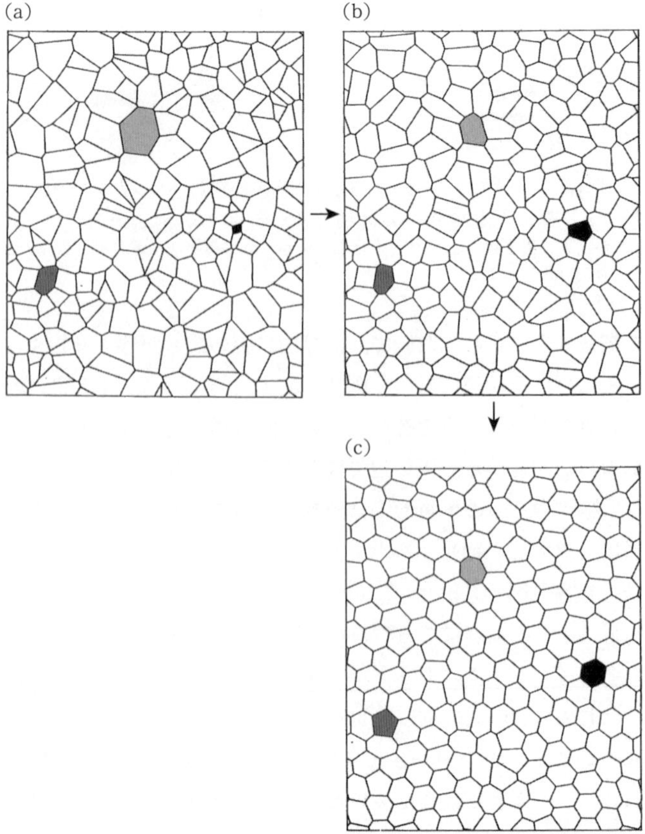

図 6.2　バーテックス・ダイナミクスによる多角形パターン変化のシミュレーション　セルセンター・モデルで作成したランダムな多角形パターンに境界長を小さくするバーテックス・ダイナミクスを適用する．グレーや黒の多角形はアイデンティフィケーションのため [Fig. 5, Nagai & Honda 2001 より改変]．

6.1.3　傷の修復

バーテックス・ダイナミクスの応用として傷の修復過程について述べる．これは図 5.6 に述べた 1 個の細胞の消失を拡張したものにあたる．生物体の上皮シートは穴や隙間がなく内部をタイトに被っていなければならない（第4章）．この覆いの不徹底がびらんや潰瘍である．これらは傷でありその修復は細胞の増殖や，すでに存在している細胞の拡大・移動によって穴や隙間がなくなることでなされる．ネコの角膜内皮では細胞増殖による細胞の供給がなくても，細胞の拡大や移動により傷が埋まり，穴のない細胞シートができていることが知られている [Honda *et al*. 1982]．傷である細胞がなく下地が露出している状態は不安定であると仮定して，修復過程を細胞モデルを使って調べた [Nagai & Honda 2009]．

上皮シートの傷は細胞がなくて上皮シートの底の ECM が露出している箇所である．傷のある上皮シートのポテンシャル U を以下のように組み立てた．ポテンシャルには細胞間の境界 $U_{\mathrm{L}}^{\mathrm{CC}}$，細胞-傷間の境界 $U_{\mathrm{L}}^{\mathrm{CW}}$，細胞面 U_{ES}，傷面 U_{W} を含み，境界長と面積を含む項がある（**図 6.3** 左上図）．

$$U_{\mathrm{L}}^{\mathrm{CC}} = \sigma_{\mathrm{L}} \Sigma_{<ij>}^{\mathrm{CC}} L_{ij},\ \ U_{\mathrm{L}}^{\mathrm{CW}} = \frac{1}{2} \sigma_{\mathrm{L}} \Sigma_{<ij>}^{\mathrm{CW}} L_{ij}, \tag{6.4}$$

$$U_{\mathrm{ES}} = \kappa_{\mathrm{S}} \Sigma_{\alpha}^{n} (S_{\alpha} - S_{\mathrm{o}})^2, \tag{6.5}$$

$$U_{\mathrm{W}} = \sigma_{\mathrm{W}} \Sigma_{\gamma} S_{\gamma}^{\mathrm{W}}. \tag{6.6}$$

これらの式には重みとして σ_{L}，κ_{S}，σ_{W} の定数が使われている．これらは単位長さや単位面積あたりの表面エネルギー密度である．κ は弾性係数である．傷の境界（$U_{\mathrm{L}}^{\mathrm{CW}}$）では境界を構成する物質が 2 重ではなく 1 重であるから 1/2 とした．運動方程式に使うポテンシャル U は

$$U = U_{\mathrm{L}}^{\mathrm{CC}} + U_{\mathrm{L}}^{\mathrm{CW}} + U_{\mathrm{ES}} + U_{\mathrm{W}} \tag{6.7}$$

となる．傷修復の過程は図 6.3 に示した．グレーで示した傷（細胞のない領域）には ECM による表面エネルギーが生じている．傷が

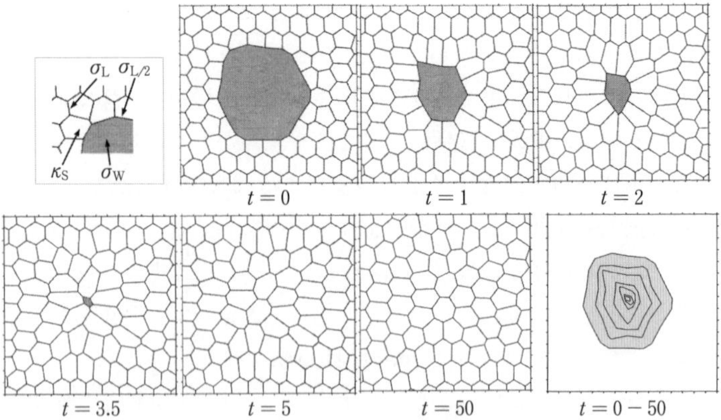

図 6.3　多角形細胞パターンにつくった傷（無細胞領域）を周りの細胞が覆って修復する過程（細胞増殖はない）のシミュレーション

左上の図は，パラメータの説明（本文参照）．$t=0\sim50$ はシミュレーションの時間経過．右下の図は傷の修復経過を重ねて示したもの [Fig. 3, Fig. 6a, Nagai & Honda 2009 より]．

小さくなるとこのポテンシャルエネルギーの寄与が少なくなり，ポテンシャルエネルギーが小さくなる．傷修復中 (t = 1, 2, 3.5) は傷まわりの細胞の形が，傷に向いた細長い多角形になっている．t = 3.5 のあと三角形の傷ができるが，やがてこれが小さな三角形になりついには消滅する (t = 3.95)．これは図 6.1(b) で述べた T2 過程である．

6.1.4　太いチューブが細いチューブに変身する

バーテックス・ダイナミクスの次の応用は細胞の集まりでできたチューブについてである．体内で見られる管腔は上皮シートでできていると述べたが（4.2 節参照），そうなら管腔は我々の細胞モデルで記述できるはずである．これを試みてみよう．

図 6.4 に平面上のパターンと円筒側面上の多角形パターンが幾何

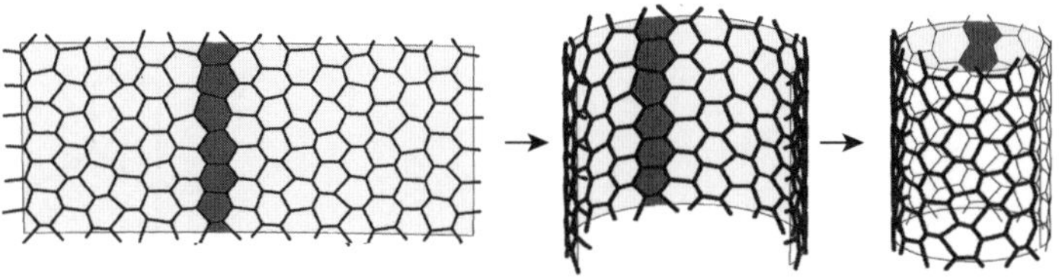

図 6.4　平面をまるめてチューブをつくる
平面の淡いグレー側がチューブの内壁になる.

学的に対応する様子を示した. 2D バーテックス・ダイナミクスで計算した矩形内の多角形パターンを左右の境界が連続してつながるようにしておけば, 容易に 3D 空間での円筒に転換できる. この方法を使うと 2D 平面の多角形で計算したものが 3D 円筒に使える (ただし, 円筒側面では平面や辺は曲面に沿ってカーブしている).

ショウジョウバエの幼虫の体内には気管があって外の空気を体内に届けている. 幼虫の発生過程で幼虫の伸長により気管のチューブが引っ張られて細く伸ばされる過程が観察されている [Ribeiro *et al*. 2004]. 細いチューブでは細胞が 2 個でチューブを一周しているものがあるのだが, 驚くべきことにさらに細くなって細胞 1 個でチューブを一周している形態が観察されている. これは**図 6.5**(a) で示すような過程である. こんな巧みなことがどんなメカニズムでできるかを知るためにバーテックス・ダイナミクスを使った. 平面に展開して描けば図 6.5(b) になる. 運動方程式 (6.1) の力学系で考える. ポテンシャル U は辺長の項と多角形面積の項, 2 つの項からなるとし, 多角形パターンは正多角形やそれが歪んだものでできている. この多角形パターンを外力で無理矢理縦方向に伸ばした場合, 多角形の面積は維持されるとすると, 横方向の幅は短縮する. 1 周 1 細胞のチューブ (1 細胞チューブ) のポテンシャル U は**図 6.6**(a) の実線のように増加する (グラフの横軸はパターンの矩形境

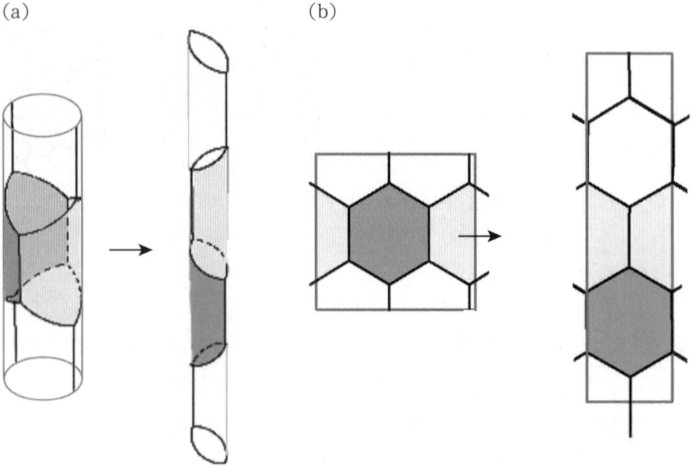

図 6.5　チューブが細くなるシミュレーション

(a) 1 周 2 個からなるチューブを 1 周 1 個からなるチューブに引き伸ばす．(b) チューブ側面の平面展開 [Fig. 5.6, Honda & Nagai 2022 より改変].

界の横幅であり，右に行くほど狭くなる)．2 細胞チューブの場合は破線になる．幅が 1.5 付近でポテンシャル U の数値計算の結果は大小が逆転する．このコンピュータ・シミュレーションに揺らぎを入れてみる．六角形が縦，120°斜め，−120°斜めのいずれかの方向に細長くなるような変形をランダムに入れる．図 6.6(b) の実線のようにポテンシャル U はすぐに元に戻るが，これを繰り返すと横軸（矩形の境界の横幅）が 1.1 付近でポテンシャル U は元の値を通り越してさらに小さくなった．ここで 1 周 2 細胞のチューブが 1 周 1 細胞のチューブに切り換わった．チューブを引っ張るような外力を加えることでチューブは突然不連続に別タイプのチューブに切り換わった（**図 6.7**）．1 周 2 細胞のチューブの正六角形の多角形が細長い多角形に変形したあと，再び（1 周 1 細胞のチューブの）正六

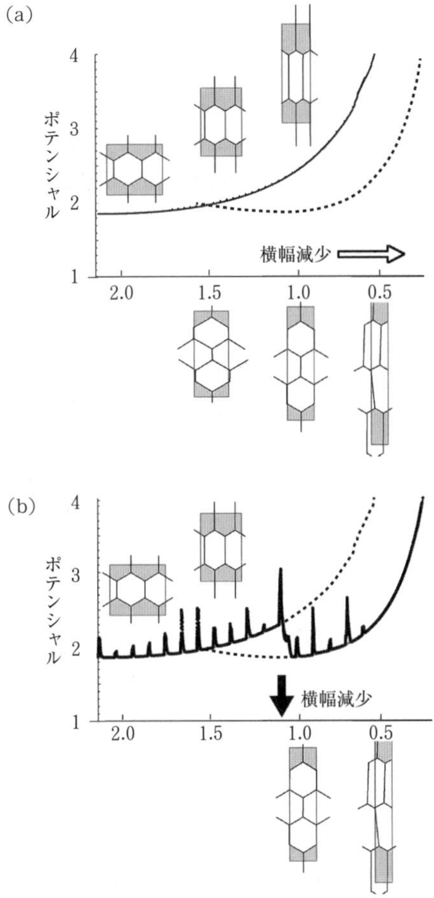

図 6.6　1 周 2 個と 1 周 1 個チューブのポテンシャル

(a) チューブを細くしたとき（高さは高くなる）のチューブのポテンシャルの変化．1 周 2 個のチューブ（実線）と 1 周 1 個のチューブ（破線）での計算結果．横軸は右に進むと横幅が減少する．(b) ポテンシャルに周期的ノイズを与えながら，チューブを引っ張って伸ばすように（横幅は減少する）バーテックス・ダイナミクスを行うと，1 周 2 個のチューブがポテンシャル曲線を乗り換えて 1 周 1 個のチューブに転換する（黒い矢印）．図 6.5 に示す転換が起こる［Fig. 5.7, Honda & Nagai 2022 より］．

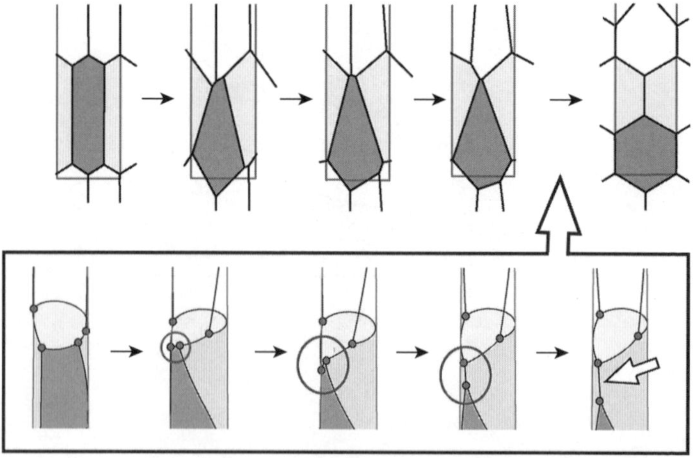

図 6.7　チューブの 1 周 2 個から 1 周 1 個への転換

2D 展開図．下段の挿入図は 3D チューブでの詳細表示．転換の最終段階 2 つの細胞境界が，ファスナーが閉じるようにふさがっていく [Figs. 5.9, 5.10, Honda & Nagai 2022 より改変].

角形に戻るところを示した．図 6.7 は平面への展開図である．挿入図には，頂点のつなぎ換えが起こって 1 周 2 細胞のチューブが 1 周 1 細胞のチューブに変わるポイントとなるところを 3D 表示で詳しく示した．いったんこのつなぎ換えが起こると，同じ細胞の境界同士がファスナーを閉じるように合わさっていく様子がわかる．このシミュレーションと似たことが実際のショウジョウバエの幼虫の気管で観察されている [Ribeiro *et al*. 2004].

バーテックス・ダイナミクスはここで述べたように平面でなくチューブ表面での多角形パターンの形態形成にも対応できた．

6.2 3D バーテックス・ダイナミクス

本節では平面での 2D バーテックス・ダイナミクスでなく，立体を扱う 3D バーテックス・ダイナミクスを考える．多細胞動物の形の基本は閉じた袋であった．この形態を扱うには 3D 空間での細胞の集まりを数理的に記述しなければならない．これまでの平面でのバーテックス・ダイナミクスだけでは道具として不十分である．平面の円や円周でなく立体的な球や球面を扱いたい．上皮シートの陥入である井戸型陥入（消化管形成など）と溝型陥入（神経管など）は形態形成では大きく異なる現象なのに，断面を見る平面での記述では区別できなかった．立体で扱って初めて違いを表せる．さらに第 8 章で扱うのだが，3D 空間でだからこそ議論できる形の「ねじれ」がある．これにより自身の鏡像との重ね合わせができないというキラリティーを扱うことができる．

6.2.1　多面体を記述する

第 5 章の始めに述べた（5.1 節参照）セルセンター・モデルにはその 3D 版があり，ボロノイ分割として知られている．統計数理研究所に所属されていた種村正美教授は独自のアルゴリズムを使ったコンピュータ・プログラムをつくった．これから使う 3D バーテックス・ダイナミクスにはこの 3D ボロノイ・モデルのプログラムで使われている多面体の記述方法を使った．バーテックス・ダイナミクスであるから頂点を扱うのだが，頂点には扱いにくい点がある．3D モデルで多面体の形の変化を記述するのだが，多面体の数は変わらなくても多面体が動くことで頂点の数は変化する．すぐあとで述べることだが（p.116，図 6.9），多面体の配置が変化すると頂点のつなぎ換えが起こり，1 頂点が 3 頂点になったり，3 頂点（三角形）が 1 頂点になったりする．そこで頂点でなく多面体に番号を割り当て（番号を名前として使った），頂点の指示は周りの多面体を使って行うようにする．**図 6.8**(a) に 1 つの頂点とその指定に使う周

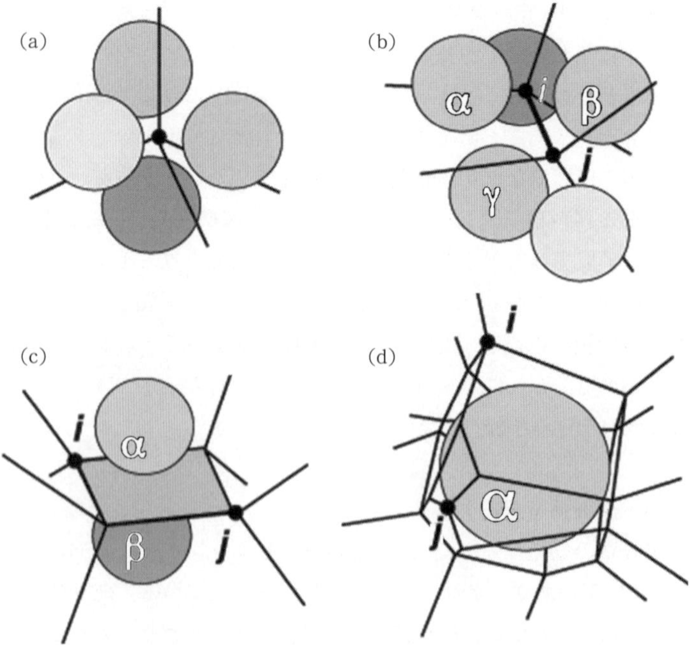

図 6.8　点・辺・面・多面体を細胞によって表示する

(a) 3D 空間での頂点は周辺の 4 個の細胞により決まる．(b) 辺，(c) 細胞境界面および (d) 多面体を周辺の細胞 α，β，γ を使って表示する．i, j は頂点 [Fig. 1, Honda *et al.* 2004 より].

りの 4 個の多面体を示した．頂点は 4 個の多面体の組で表す．このようにすると，辺は 2 つの隣り合った頂点をつないだものだから，2 個の頂点を決める 4 個と 4 個の多面体のうちそれぞれ 3 個が共通な多角形である．したがってこの辺は共通な 3 個の多面体で指定できる．図 6.8(b) に辺 ij が多面体 $\{\alpha, \beta, \gamma\}$ で指定するところを示した．同じようにして面は 2 個の多面体で指定される（図 6.8(c)）．多面体の面はその隣り合う多面体で指定される．多面体の面の数は，多面体を取り囲む隣接多面体の数だけある（図 6.8(d)）.

6.2.2 3D バーテックス・ダイナミクスの運動方程式

頂点の動きは運動方程式 (6.1) に従う．ここでは 3D であるから頂点の位置を表す位置ベクトル $\boldsymbol{r}_i$ は $(x_i,\ y_i,\ z_i)$ 座標を使う．多面体が 3D 空間に塊で存在し，塊の中では多面体が隙間なく詰まっているとすると，ポテンシャルは

$$U = \kappa \Sigma_{\alpha}^{n} (V_{\alpha} - V_{\mathrm{std}})^2 + \sigma \Sigma_f S_f + \sigma_{\mathrm{o}} \Sigma_m S_m, \tag{6.8}$$

である．多面体 α の体積は V_α で，V_{std} はその多面体に力がかからずリラックスしたときの体積である．κ は体積の弾性係数である．多面体には塊の中にあるものと表面にあるものがある．塊の表面にあるものを m，中に埋まったものを f としている．σ と σ_{o} はそれぞれの単位面積あたりの表面エネルギーである．

はじめに $(t = 0)$ すべての頂点の座標とそれぞれの頂点の周りの 4 個の多面体がわかっていると，$t = 0$ でのすべての多面体の多角形の面積と多面体の体積が計算できる．次に運動方程式 (6.1) によって時刻 t での頂点の座標が計算できる（数値計算にはたとえばルンゲ・クッタ法を使う）.

このとき，辺長が短くなってあらかじめ定められていた閾値よりも小さくなった場合，計算をそこで止めて短くなった辺について調べる．もし短い辺が三角形の一辺だったらつなぎ換えを起こしたときに三角形が二角形になってしまう心配があるから，これを避けることを行う．この短い辺を辺とする多角形は 3 個あるが，このうち，

(1) どれも三角形でなければ**図 6.9** に示すタイプ I と判断し，その

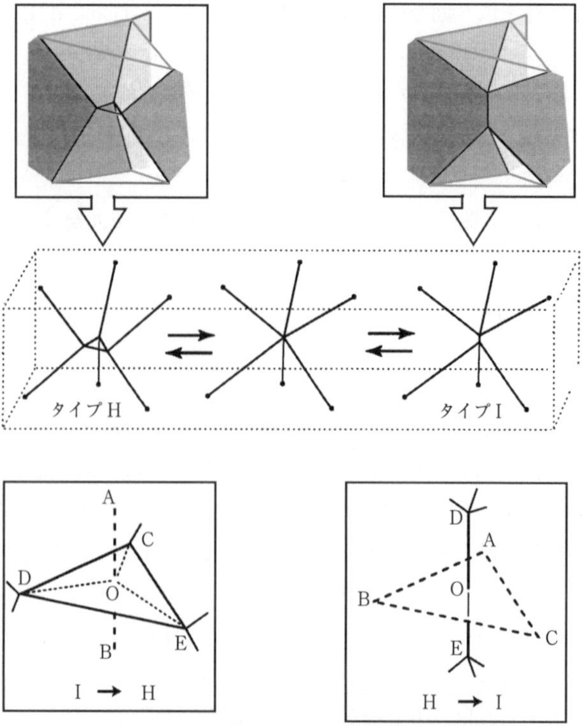

図 6.9　3D 多面体パターンにおける頂点のつなぎ換え

中段，小さな三角形（タイプ H）と短い辺（タイプ I）は互いに転換する．上段は平面を使った多面体の表示．下段は小さな三角形 CDE（左）と短い辺 DE（右）の関係を示す．短い辺は小さな三角形に対して垂直である [Fig. 2, Honda *et al*. 2004 より].

辺に垂直な小さな三角形を作り，辺をこの三角形に置き換え（図 6.9，矩形で囲った左下の挿入図），再びバーテックス・ダイナミクスを続ける．

(2) 三角形が 1 個あるならタイプ H と判断し，その三角形の垂線方向に，頂点をつなぎ換えて短い辺を作り（図 6.9，矩形で囲った右下の挿入図）三角形をこの短い辺と置き換え，バーテックス・ダイナミクスを続ける．

(3) 三角形が2個以上ならこの短辺についてのつなぎ換えはやめてはじめに戻り，他の短辺に移る．

以上が短辺のつなぎ換えを含むバーテックス・ダイナミクスである [Honda *et al*. 2004].

ここで再度述べるが，3D バーテックス・ダイナミクスでは多面体の個数は変化しなくても，図 6.9 で示したように頂点のつなぎ換えで頂点の個数は変化してしまう．形を記述するのに頂点の座標を使うのだが，頂点の数が変化するので記述には特別な工夫が必要である．6.2.1 項で述べたように，頂点を表す 4 個の多面体からなる組はつなぎ換えのたびに変化する．毎回，頂点の指定にはこの変化したあとの多面体の組を使う．

6.2.3 多面体の塊

多面体が隙間なく詰まった多面体の集まりをつくる（このパターンの作成にはセルセンター・モデルの 3D 版であるボロノイ分割を使った）．この多面体集合に多面体の表面を収縮するバーテックス・ダイナミクスを行うと表面張力が働いて集合は球体になった（図 6.11(a) 左図）．この細胞の塊に力を加えるとどうなるだろうか．

力を受けた細胞塊については興味深い実験がある [Phillips *et al*. 1977]．細胞塊に遠心機により遠心力をかける．細胞塊は平たく変形する．平たい状態のまま長時間遠心を行う．細胞塊の中のこれらの細胞がどんな形をしているかを調べた（彼らは遠心中に細胞塊の組織標本をつくるため試料を固定する装置を工夫して作った）．実験の結果を模式的に**図 6.10** に示した．細胞塊が変形した直後は中

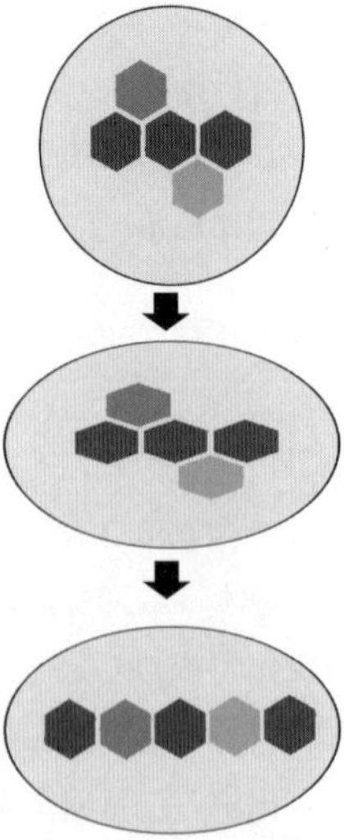

図 6.10　細胞塊に遠心力をかけて平たくした実験の説明図

遠心力をかけると細胞塊全体が平たくなる（中段）．このとき塊の中の個々の細胞も一斉に平たく変形する（中段，なかの多角形）．さらに遠心力をかけ続けると，細胞塊全体の形は大して変わらないのに個々の細胞は並び替わって，元のコロリとした形に戻る（下段）．

の細胞も平たくなっているが，そのまま長時間遠心力をかける間に細胞は並び替えを行って，元の形に近いコロリとした細胞に変わった．細胞は動いて並び変わるのである．細胞塊は弾性体でなく粘性をもつ，すなわち時間をかけて塑性的変形を起こしている．

このような細胞の並び替え（粘弾性的性質）をバーテックス・ダイナミクスで再現するため，以下のようなコンピュータ・シミュレーションを行った．運動方程式には式 (6.1) を使い，式 (6.3) のポテンシャルには以下の項を付け加える．

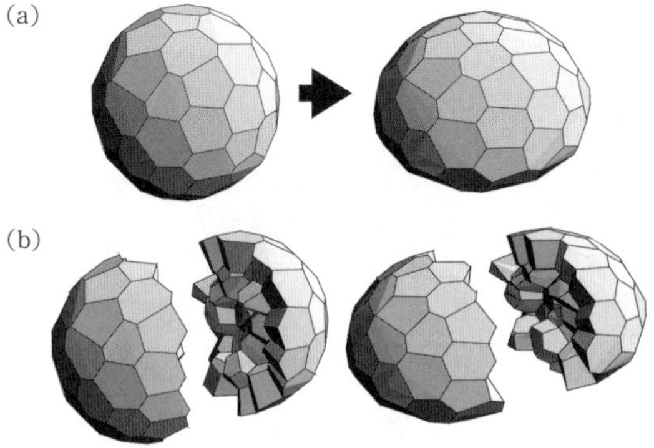

図 6.11　細胞塊の変形

(a) 3D 細胞塊に遠心力をかけると細胞塊は平たくなる（シミュレーションの結果）.
(b) 内部は多面体で詰まっている [Fig. 4, Honda *et al*. 2004 より].

$$U_z = \rho \Sigma_\alpha V_\alpha z_\alpha \tag{6.9}$$

$$U_{\mathrm{floor}} = w_{\mathrm{floor}} \Sigma_\alpha 1/[1 + \exp(\mathrm{a}\, z_\alpha)], \quad (\alpha = 1, 2, \ldots, n) \tag{6.10}$$

U_z は多面体の体積に重力のポテンシャルエネルギーを与え，z 方向が大きいと（高所にあれば）高いポテンシャルになる．U_{floor} は多角形が置かれている床を想定し，これを越えて下方に行くことは急激なポテンシャル増加となり不可能である．結果は**図 6.11**(a) に示すように，球体は平たくなる．内部には多面体が詰まっているがその断面を**図 6.12** に示す．塊は平たくなったあと ($t = 24$)，重力をかけるのをやめると球形に戻る．細胞につけた番号を見ると，$t = 12$ で内部の細胞も平たくなっているが隣り同士の関係はほとんど変わっていない．重力を加え続けると細胞は隣り同士の関係を変え ($t = 24$)，形は元の丸っぽい形に戻っている．重力をかけるのをやめると ($t = 26$)，細胞は場所を変えぬまま縦長になり $t = 54$ では並び替えを起こしている．**図 6.13** には中の 3 個の細胞だけを描き，

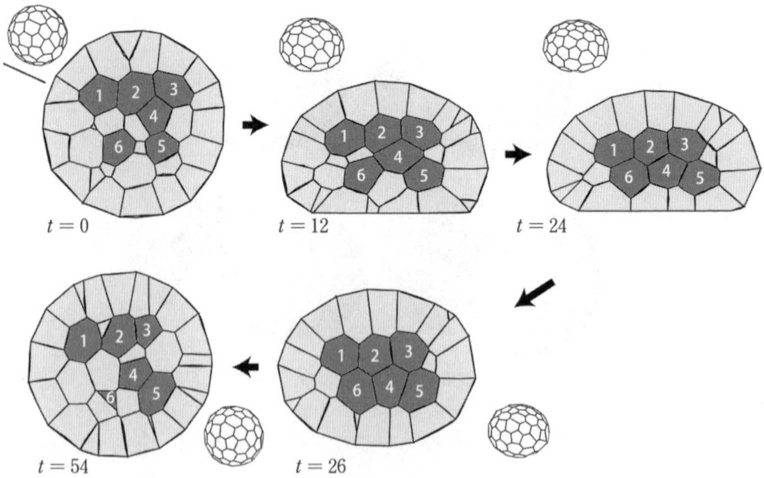

図 6.12　細胞塊変形の断面表示

細胞塊に遠心力をかけ（$t = 0 \sim 24$）その後，遠心力を止めた（$t = 24 \sim 54$）シミュレーション結果を断面図で表示する．$t = 12$ は $t = 0$ のときのパターンをほぼそのまま平たく押しつぶしたものであるが，$t = 24$ では配列が大きく異なっている．多角形の数字は多面体のアイデンティフィケーションである［Fig. 5, Honda *et al*. 2004 より］.

変化がわかるようにした．隣り同士の配置を保ったまま上下が縮んだ $(t = 12)$ あと，配置換えを起こして上下の細胞が接して隣り合った $(t = 24)$．重力を除くとそのまま縦長になり $(t = 26)$，次には配置が変わり上と下の細胞が離れた $(t = 54)$.

この過程を定量して応力・ひずみ解析を行ったところ，明確に粘弾性的性質を示した［Honda *et al*. 2004］．多面体の塊に力をかけると直ちに弾性的に変形するが，そのあと時間をかけて粘性的に振る舞う．バーテックス・ダイナミクスでこのような材料力学的性質の由来が，構成要素である多面体の変形と移動で説明できた.

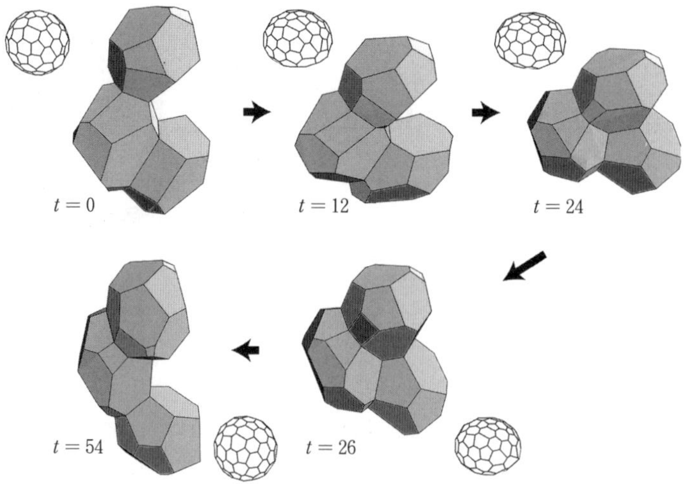

図 6.13　3D 細胞塊に遠心力をかけるシミュレーションの間の，細胞塊中の 3 個の多面体の振る舞い

$t = 0 \sim 24$ に遠心力をかけ，$t = 24 \sim 54$ では遠心力を止めた．$t = 24, 26$ ではそれまで離れていた上と下の多面体が接触し合っている [Fig. 6, Honda *et al*. 2004 より].

6.2.4　細胞塊が袋（哺乳類の胚盤胞）をつくる

第 4 章で上皮細胞の集まりが ECM ゲルに埋まっているとき，上皮細胞の頂底極性の性質ゆえに，上皮細胞の集まりは閉じた袋をつくらずにはいられないと述べた（4.3.2 項参照）．袋づくりにはもう一つの場合がある．哺乳動物の受精卵は細胞分裂により細胞塊をつくるが，これはコラーゲンなどの ECM ゲルとは違って糖タンパク質でできた透明体で覆われている [Wassarman 2008]．**図 6.14** に示すように受精卵が分裂してできた細胞の塊である桑実胚は，やがて栄養芽層細胞でできた袋になり中には内部細胞塊が入っている（中に残った細胞は生き続ける．4.3.2 項で述べた ECM に囲まれた細胞塊に形成された空所では，空所に残る細胞は細胞死により除か

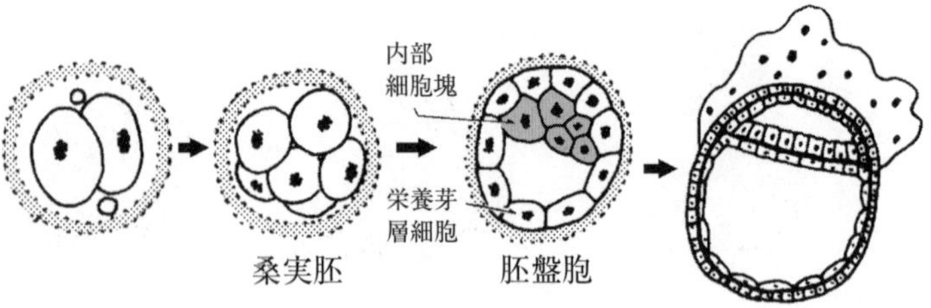

図 6.14　哺乳類胚の初期発生

受精卵が卵割を起こし，細胞塊になったあと，細胞塊（桑実胚）は袋になり（胚盤胞），細胞は内部細胞塊細胞と栄養芽層細胞に分化する［図 2.14b，本多 1991 より］.

れた．空所がアピカル空間か基底側かで振る舞いは大きく異なる）．これが胚盤胞である．内部細胞塊が動物の胚本体になり，栄養芽層細胞は胚を育てる胎盤となる．ここではこの胚盤胞の形成を，細胞のバーテックス・ダイナミクスを使ってのシミュレーションで試み，この形態形成の機構を調べる [Honda *et al*. 2008a].

受精卵は分裂を繰り返し細胞 40 個程度の塊になって形態形成を行う．外側の透明帯は 2 細胞期ごろに固化するのだが，このころ胚は 2 細胞のため形が球体からひずむ．そのため透明帯はやや細長の楕円体になる．細胞はどの細胞も同じ性質をもちどれもが分泌液を分泌し，この液体が胚の中で空所をつくり，やがて 1 つの大きな空所になる．胚の中で空所の位置が非対称に決まって胚に体軸ができる．コンピュータ・シミュレーションでは以下の条件を仮定した．細胞数は 40 個で一定であり，分泌液は 1 つの空所に集まり空所は時間とともに大きくなる．シミュレーションの目的は，はじめは均一な細胞が集まってできた特に軸をもたない細胞塊が，細胞が袋をつくる細胞（栄養芽層細胞）と内部に残る細胞（内部細胞塊の細胞）に分化し，胚の体軸が決まるようなことが細胞塊の細胞だけで他の条件なしにできるかどうかを確かめることである．

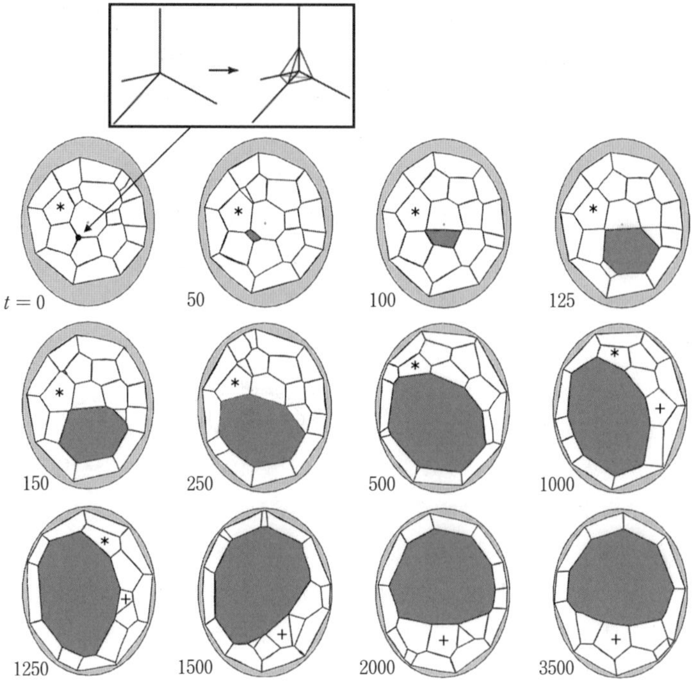

図 6.15　哺乳類胚盤胞形成のシミュレーション

細胞塊の細胞間に分泌液がたまり，細胞塊が袋を形成する（断面を表示）．矩形で囲った左上の挿入図は，細胞間の小さな空間を示す．＊，＋は，それぞれ多面体のアイデンティフィケーションを表す［Fig. 4A, Honda *et al*. 2008a より］．

図 6.15 の $t = 0$ は多面体の塊の断面である．外枠の楕円は透明帯である．どの細胞からも分泌液を分泌するのだが，これは黒点で示した多面体の隙間にたまるとした．隙間は図 6.15 挿入図に示すように頂点の一つを小さな 4 面体に置き換えてこの体積が時間とともに大きくなるようにした．

運動方程式 (6.1) を使ってバーテックス・ダイナミクスを行う．

ここでは細胞である何十個かの多面体と空胞である1個の多面体からなる構造を扱うから，ポテンシャルUは多面体細胞の表面エネルギー，多面体細胞の体積弾性エネルギー，空胞の多面体の表面エネルギー，空胞の多面体の体積弾性エネルギーからなるが，空胞の体積は時間とともに大きくなるから空胞の体積弾性エネルギーの項$\kappa_{\mathrm{VI}}(V_{\mathrm{I}}-V_{\mathrm{Istd}})^2$には特別なことがしてある．弾性項の$\kappa_{\mathrm{VI}}$と$V_{\mathrm{I}}$はそれぞれ空胞の体積弾性係数と空胞の体積であるが，標準体積V_{Istd}は時間tとともに大きくなる変数とした．図6.15挿入図の4面体が大きくなったものである．

図6.15にシミュレーションの結果を断面で示す．黒点で示した細胞間に隙間ができ($t=50$)，この隙間（空胞）は細胞に取り囲まれながら大きくなる．シミュレーションで隙間の位置を細胞塊の周辺近くにすると隙間はすぐに外空間と融合してなくなってしまう．実際の胚でも隙間が外とつながることは観察されている．このとき，胚はまた球形に戻って発生を進める．また，実際には空胞になる隙間はいくつかあって，空胞が大きくなる過程で1つの大きな空胞にまとまる．図6.15で空胞の拡大がやんだ($t=500$)あとも細胞の詰まった部分（塊）は動き$t=2000$のころ，細胞の塊は楕円体の胚の尖った箇所に落ち着いて動かなくなった．**図6.16**はシミュレーション結果の3D構造がわかるように図示したものである．いくつかのパラメータの値を試みてこのようなシミュレーションができる条件があることを確認した．細胞1個の厚みでできた層は栄養芽層，内側の細胞の塊は内部細胞塊に相当し，この胚の体軸ははじめに与えた回転楕円体のほぼ長軸にできている．

シミュレーションはすべて同等な細胞として始めたのだが，空間的な制約があるから外側の細胞と内側の細胞の二種になった．発生生物学では栄養芽層の細胞は胚を育てる胎盤になり，内部細胞塊は

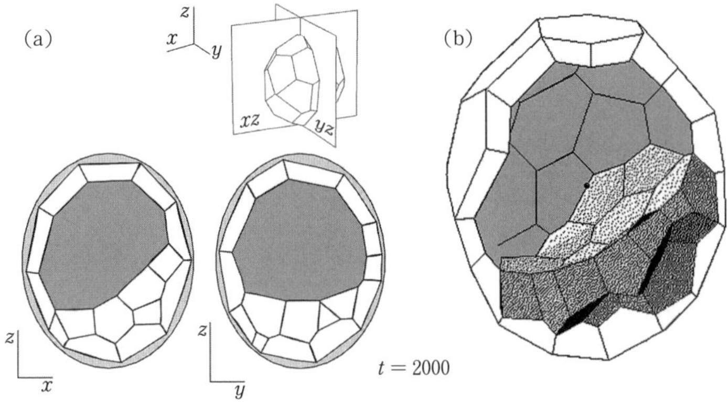

図 6.16　シミュレーションでできた胚盤胞

(a) 互いに直角な 2 断面で表示．(b) 3D 表示．右下部分のドットで示す多面体は内部細胞塊細胞にあたるもの [Fig. 4B, C, Honda *et al*. 2008a より].

胚体そのものになるというように，両者の運命が大きく異なることが知られている．当然両者で遺伝子の発現も異なるようになる．この違いは何がきっかけでいつ始まるのか．マウス胚盤胞で遺伝子 Cdx2 (caudal-type transcription factor 2) の発現を調べた研究では，外側の細胞に Cdx2 が発現しているのだが，細胞が内部に移るとこの発現が薄くなるという報告がなされている [Toyooka *et al*. 2016]．遺伝子の発現が変わることがあるのだ．シミュレーションが示す通り，空間的配置が決まったことで細胞の運命が決まるのかもしれない．

細胞の集まりが袋をつくることは多細胞動物にとって形態形成の骨幹であると第 4 章で述べたが (4.3.2 項参照)，本項では哺乳類胚盤胞がコンピュータ・シミュレーションにより，その骨幹となる現象がひとりでにできることを示した．また，このような袋形成が培養皿の上で，ひとりでにできることが，血管内皮細胞や甲状腺小胞細胞で知られており，そこにはVACの働きが考えられると4.3.2項で述べた．第4章で述べたように，閉じた袋は生き物に適した巧妙な構造物であるが，それぞれこのような構造物がひとりでにできあがるのは驚くべきことである．

7

細胞の力が細胞の並び替えを起こす

ねらい　細胞が集まってできた細胞集合体は，自ら力をつくり並び替えを起こし，他からの指図なしに個々の細胞でなく細胞集合体が伸長する．この一見不思議な機構は数理的細胞モデルで再現できる．

発生過程でしばしば見られる細胞集合体の伸長にはいくつかの機構がある．個々の細胞が揃って同じ方向に長くなって全体が伸長するとか，同じ方向に細胞が分裂して全体が伸長するなどの機構が知られている．しかしこの他に細胞の並び替えによってなされるものがある．それは構成細胞がその形も個数も大して変わらないのに，細胞が並び替えを起こして細胞集合体全体が伸長するという不思議な現象である．細胞集合体の中でそれぞれの細胞が動いて隣り合った細胞の列から抜けたり別の列に入り込んだりする．伸長は軸に垂直な方向での細胞数の減少 (convergent) と，それと同時に起こる軸方向での細胞数の増加 (extension) で起こる．ここで確かに組織中の細胞総数は増加も減少もしていない．この現象は細胞集団の収斂拡張（convergent extension: CE）とよばれている．

ここで強調しておきたいのは，この伸長は 6.1.4 項で述べた細い気管の伸長と同じような形態の変化に見えるが，原因と結果がまったく逆であることである．先に述べた気管の伸長は，発生過程で胚が成長することで気管に引っ張りの力が及んで気管の細胞が並び替えられた．力が原因で，並び替えが結果である．一方ここで述べる収斂拡張（CE）による伸長は，細胞の並び替えが起こり，その結果として細胞集団が伸長するものであり，並び替えが原因である．さてこの並び替えはどんな機構で起こるのか．これはバーテックス・ダイナミクスにより，多角形の辺の異方的収縮（anisotropic contraction）であることが示唆された．以下に詳説する．

7.1　多角形の辺の異方的収縮が多角形の並び替えを起こす

多角形の部品の一つである辺の長さの収縮という単純な力学的性質で，多角形の集まりが並び替えられるという，高度な形態変化をもたらす例を**図 7.1**(a) に示す．ここでは特定の方向の辺が収縮（異方的収縮）する．図には太い黒線を使って，水平方向に近い辺が強く収縮することを示した．左端のパターンから右にたどると，水平な辺が短くなり，中央の辺ではほとんど長さのない辺になったあと，頂点のつなぎ換えを起こし，新たにできた垂直の辺は左端に示すように長くなる．多角形パターンの全体をみると，はじめ縦に並んで隣り合っていた多角形（薄いグレー）の間に横から多角形（濃いグレー）が入り込み，多角形パターンは全体として縦長になる．これは 4 個の多角形で起こった収斂拡張（CE）である．多角形パターンの並び替えを起こす機構の一つとして，辺長の異方的収縮があることをコンピュータ・シミュレーションにより示した．これは細胞が自ら力をつくることで，特定方向に伸展する現象の再現で

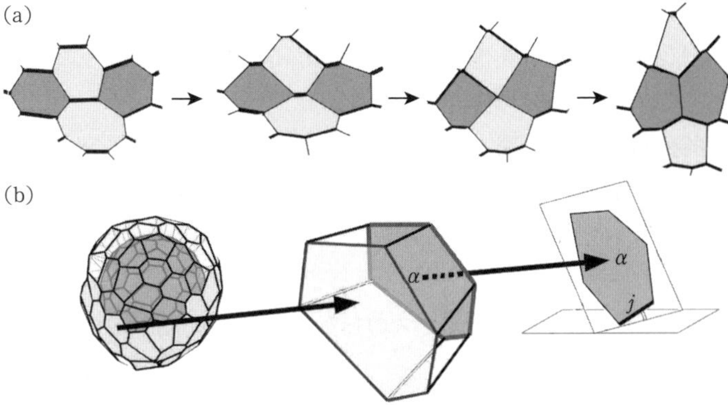

図 7.1　多角形の並び替わりと球殻を構成している多面体の多角形

(a) 多角形の水平に近い辺が強く収縮する（太い黒線で示す）としたときの多角形の並び替え．4 個の多角形の横長であった集まりが縦長に並び替えられる．(b) 一層に並んだ多面体がつくる球殻．球殻の内腔（濃いグレーで示す）に面した多角形 α がある．多角形 α の辺 j は水平面に対して角度をもつ．この角度によって辺 j の収縮の重みが異なる [Fig. 8.1, Honda & Nagai 2022 より改変].

ある．この図のパターン形成には，運動方程式 (6.1) と式 (6.3) によるバーテックス・ダイナミクスを使った．ただし，式 (6.3) のポテンシャル U の中の $\sigma_{\mathrm{L}}\Sigma_{<ij>}L_{ij}$ は重み w_{ij} を使って $\sigma_{\mathrm{L}}\Sigma_{<ij>}w_{ij}L_{ij}$ とし，辺 $< ij >$ が水平方向に近いときは w_{ij} を 1 よりも大きくしている．

7.2　球形の袋が自発的に細長くなる

いろいろな発生過程で，収斂拡張 (CE) によると考えられる組織の自発的な伸長が見られる．しかし多くの場合，たとえば背側などの器官の一部での伸長であることが多く，これでは伸長の機構を調べたいときに他の要因からの影響を完全に排除することが難しい．ここでは人為的に単純な多面体の集合体をつくり，要因が明確な条件下でバーテックス・ダイナミクスを使ったシミュレーションを行い，収斂拡張の働きを調べた [Honda *et al*. 2008b]．まず単純な細胞一層でできた球殻の伸長を調べる．

細胞一層の球殻（図 7.1(b)）を構成する多面体の一つを図 7.1(b)（中央）に示す．多面体は柱状で頂端面と底面 2 つの面をもつ．球殻の外側が ECM に接した底面で，柱の頂端側の面 α は球殻の内面である．

バーテックス・ダイナミクスの運動方程式は式 (6.1) の 3D 版を使う．ポテンシャル U は

$$U = U_{\mathrm{S}} + U_{\mathrm{EV}} + U_{\mathrm{edge}}, \tag{7.1}$$

$$U_{\mathrm{S}} = \sigma_{\mathrm{S}} \Sigma_k^{n\mathrm{S}} S_k + \sigma_{\mathrm{O}} \Sigma_k^{n\mathrm{O}} O_k + \sigma_{\mathrm{I}} \Sigma_k^{n\mathrm{I}} I_k, \tag{7.2}$$

$$U_{\mathrm{EV}} = \kappa_{\mathrm{V}} \Sigma_\beta^{n} (V_\beta - V_{\mathrm{std}})^2 + \kappa_{\mathrm{VI}} (V_{\mathrm{I}} - V_{\mathrm{Istd}})^2. \tag{7.3}$$

ここで S_k，O_k，I_k はそれぞれ細胞多面体間の境界多角形面積，細胞底面側の多角形面積，細胞頂端側の多角形面積であり，V_β，V_{I} はそれぞれ細胞多面体 β の体積，空胞多面体の体積である．V_{std}，V_{Istd} はそれぞれ V_β，V_{I} がリラックスしたときの体積である．式 (7.1) のポテンシャル U_{edge} は頂端側多角形の辺一周長についての弾性エネルギー項で，細胞多面体の辺に異方的な収縮を与えるためのもので，

$$U_{\mathrm{edge}} = \kappa_{\mathrm{edge}} \Sigma_\alpha (\Sigma_j w_j E_{\alpha j} - E_{\mathrm{std}})^2, \quad (j = 1, 2, \ldots, n_\alpha). \tag{7.4}$$

図 7.1(b) に示す頂端面 α は n_α 角形であり，その多角形の第 j 番目の辺が水平面に平行なら w_j を大きくし ($w_j = 3$)，そうでないなら $w_j = 1$ である．ここで E_{std} は頂端多角形がリラックスしたときの 1 周の辺長である．w_j が大きな辺はポテンシャル増加に大きく寄与するから長さが短くなる．

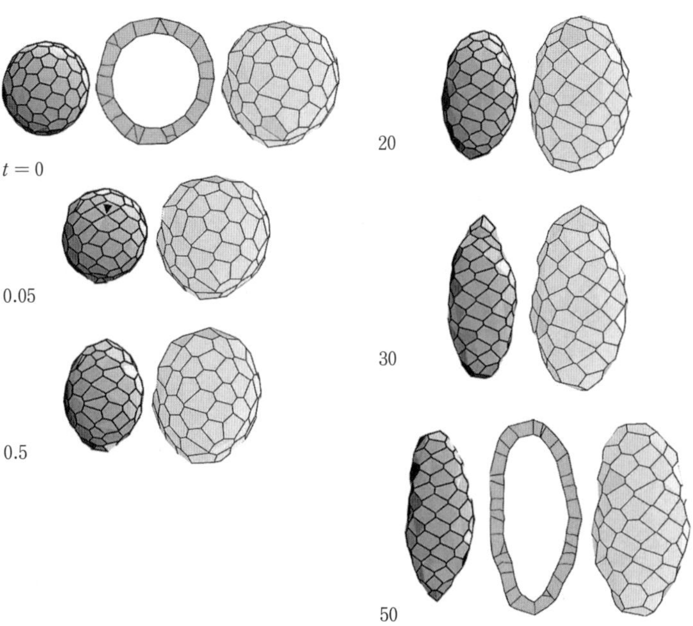

図 7.2　伸長する 3D 球殻

球殻を構成する多面体の内腔に面する面の辺のうち，水平方向に近い辺が強く収縮すると仮定したシミュレーション．球殻表面の多角形パターン（右）と内表面の多角形パターン（左）を示す．数字はシミュレーション時間を示し，$t=0$ と 50 には球殻の断面も示す [Fig. 2A, Honda *et al*. 2008b より改変].

このような条件でシミュレーションを行った結果を**図 7.2** に示す．それぞれの時刻 t での球殻の内表面（細胞の頂端側）と外表面（底面側）の多角形パターンを左列と右列に示す．$t=0$ と 50 には殻の断面も示してある．シミュレーションの初期には水平に近い辺が短くなったものが見られる（$t=0.05$: 小さな三角印）．球形であった殻は次第に縦長になる．変形は頂端側（左列）の辺の短縮で始まるが，それは次第に底面側（右列）に伝わっているように見え

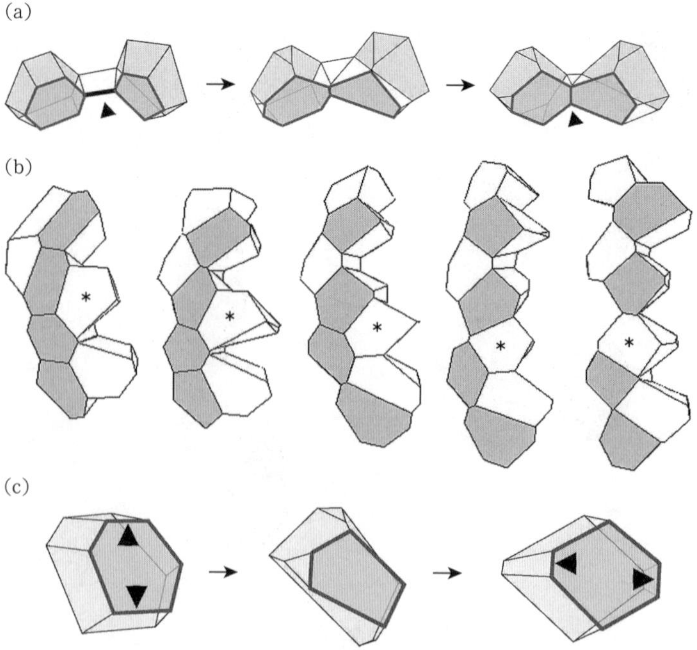

図 **7.3**　シミュレーション中の球殻（図 7.2）の個々の多面体の変化

(a) 水平方向の辺（▲印）が収縮し，つなぎ換わりが起こって，縦向きの辺になる．(b) 縦に 4 個並んだ多面体（グレー）の列の間に隣の細胞（∗）が入り込む．このインターカレーションにより縦の列全体は伸長する．(c) 水平方向の辺が収縮することで，2 つの水平面をもった六角柱が 2 つの垂直面をもった六角柱に変わった [Figs. 3D, C, E, Honda *et al*. 2008b より改変].

る．個々の多面体細胞がどのように変形するかを**図 7.3** に示す．水平方向に近い辺が短縮するとその効果が多面体の奥深くに波及する (図 7.3(a))．縦に 4 個並んだ多面体細胞の列（図 7.3(b)：グレー）があったのが，水平方向の辺の短縮により，近隣の多面体（∗）などが列に入り込んでついには 4 個の細胞は離ればなれになり，全体としては縦方向に伸長している．水平方向の辺が収縮することで

(図 7.3(c)：三角印で示す辺)，2 つの水平面をもった六角柱が 2 つの垂直面をもった六角柱に変わる．このように原因は少数の辺の短縮であったのに，多面体の集まりの中で自ずから調整が行われて，方向のある形になっていく．第 4 章で述べたように，形態形成はいくつかの素過程からなり，伸長（ELG, 図 4.2(c) 参照）は素過程の一つであったが，この素過程の始まりは辺の異方的な収縮力で起こることを示した．

7.3 チューブが自発的に長くなる

前節で個々の細胞に異方的性質を与えると，細胞集合全体の形がこれを反映して変形することを述べた．異方的な性質を付与された細胞が，それに基づき自分の周囲に働きかけ，ついには周辺を変えてしまった．このような，あたかも細胞に目的や意志があって起こるかのように見える現象が，数理的に扱えるのは興味深いことである．

ここでは 3D 空間でのチューブの伸長を扱うのだが，この伸長は外から何かが引っ張って伸びるのではなく，チューブを構成している細胞の特別な方向の辺が性質を変えるという異方性をもっているために起こる場合を考える [Honda *et al*. 2008b]．方法は図 6.4 で示したようにチューブの展開図をつくり，計算は 2D バーテックス・ダイナミクスで行う．境界条件には矩形の周期的境界条件を使う．

計算は以下に述べるバーテックス・ダイナミクスとグローバル・ダイナミクスを 1 セットとしてこれを繰り返す．まず，個々の多角形の辺に異方的収縮を仮定して 2D バーテックス・ダイナミクスを進めると，固定した境界条件下（矩形の枠を固定する）で頂点の位置が決まり多角形パターンができる．これまで行ってきたことである．そこで次に，この頂点の隣同士の関係を変えずに境界条件の矩形を変形して（縦横比を変えて）全体のポテンシャルが低くなるようにする（矩形を変化させるこの操作を，バーテックス・ダイナミクスに対してグローバル・ダイナミクスとよぶ）．すなわち，ポテンシャルを小さくする計算を多角形のバーテックスおよび頂点を変化させて行い，次に外枠の矩形の形を変えて行った．この操作を繰り返すことで矩形の形が次第に変わっていく．たとえば長く伸長した矩形になっていく．ここで頂点の動きと矩形変化の時間スケールは大きく異なる．頂点の動きは迅速で，矩形がほとんど変化しない時間間隔で起こる運動である．この方法は物理学で使われる断熱近似をまねたものである．こうしてバーテックス・ダイナミクスとグローバル・ダイナミクスを繰り返して，ポテンシャルエネルギーの低いパターンを求めていく（この方法の数理的基礎は [Honda & Nagai 2022] に述べている）．

これまでは個々の細胞の異方的性質として多角形細胞の特定の方向の辺が特に強く収縮する仮定を使ったが，ここでは多角形の辺長についてではなく多角形の細長さに異方性がある仮定をつくった．これまでは多角形はリラックスしたときにはどの方向もほぼ均等な同じ長さをもっていると仮定したが，ここではリラックスしたとき多角形の形が特定の方向に細長いと仮定した．この仮定の背景には細胞骨格のような物質が内在して細胞の自由な変形を制約して，細胞にとって好ましい形があることを想定している．

具体的には 2D の運動方程式 (6.1) とポテンシャルを使うのだが，ポテンシャル U の式 (6.3) に以下の U_{rod} の項を加える．

$$U_{\mathrm{rod}} = \kappa_{\mathrm{rod}} \Sigma_{\beta} (W_{\beta} - W_{\mathrm{std}})^2 \tag{7.5}$$

これは多角形の水平方向の幅に制約があって幅 W_{std} が望ましいと

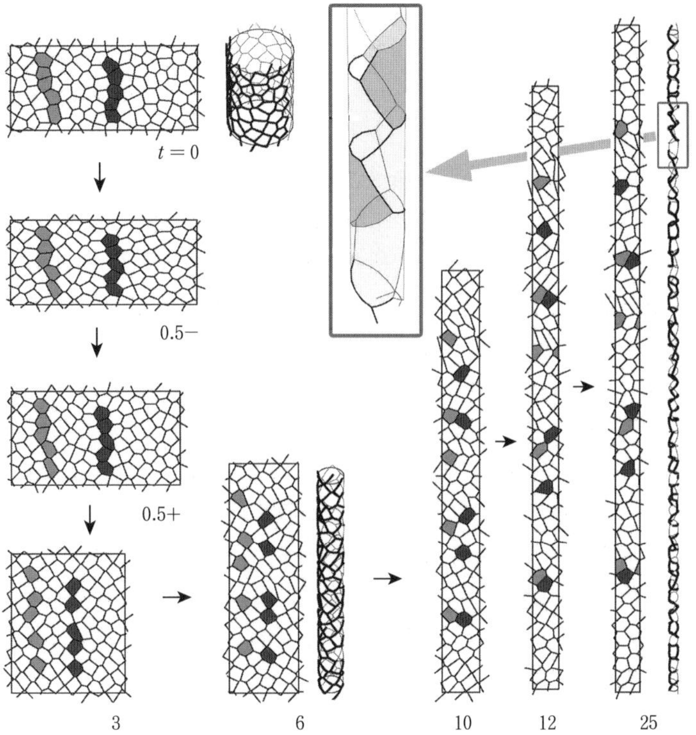

図 7.4　伸長するチューブ

チューブ側面の多角形が水平方向の幅が狭くなる性質があると仮定したシミュレーション．パターンは平面への展開図で示したが，$t = 0, 6, 25$ ではチューブでも表示した．矩形で囲った挿入図は，最終段階では 1 周が 2 つの多角形からなる細いチューブになったことを示す [Fig. 5B, Honda *et al*. 2008b より改変].

いう制約である．W_{std} は多角形サイズに比して小さめに設定してある．この条件でグローバル・ダイナミクスを伴うバーテックス・ダイナミクスを行うと**図 7.4** のような結果になった．$t = 0.5-$ はバーテックス・ダイナミクス直後のパターンで，これに矩形境界が変化するグローバル・ダイナミクスを行うと $t = 0.5+$ のパターンになった．この計算を進めていくと矩形境界はどんどん縦長になった．このパターンを円筒に変換して表示したものを図 7.4 の $t = 0, 6, 25$ の右側に示した．$t = 25$ の挿入図は多角形の拡大図で，チューブ 1 周が 2 個の多角形でできた細いチューブになっていることがわかる．ここでは多角形細胞の水平方向の幅が狭いという異方性を設定したが，これまでに使った多角形細胞の境界辺の水平方向が強く収縮するという異方性の設定でも同じような現象が起こることを確かめている [Honda *et al*. 2008b]．

以上 2 つの例から（7.2 節と 7.3 節）バーテックス・ダイナミクスで，構成単位である細胞に異方的な性質があるとその異方性が細胞集合体に反映する様子をシミュレートできることがわかった．第 4 章で形態形成に含まれるいくつかの素過程を述べたとき，伸長（ELG，図 4.2(c) 参照）と突起形成（PRT，図 4.2(e) 参照）はその例であった．本節ではこの伸長と突起形成の素過程は，多角形細胞の水平方向の辺が強くて収縮することや水平方向の幅が狭いような異方性を仮定することによって起こすことができることを示した．

7.4 細胞の平面内細胞極性 (PCP) が力の方向を決める

6.1 節で述べた平面からチューブへの変換（図 6.4）は，数学的操作であって計算時に使う便利な技術であった．しかし生物は実際にこのやり方でチューブを作っていたのだ！　将来神経管になる上皮シートは平面であったが，胚の前後軸（頭尾軸）に直角な方向（横断方向，mediolateral）が収縮して，平面が湾曲しチューブをつくる（図 4.3(a)）．神経管の場合，できあがったチューブの軸は胚体の前後軸の方向と一致する．

平面の上皮シートが湾曲する機構の一つは，シートに厚みがあ

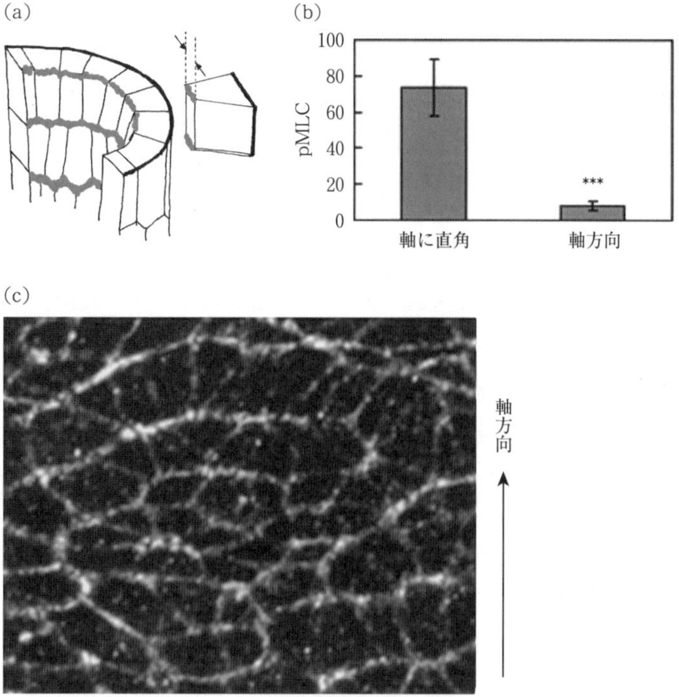

図 7.5　ニワトリ神経管形成時の上皮細胞シート

(a) 上皮細胞のアピカル側の，体軸に垂直な方向の細胞境界が強く収縮して，上皮シートが湾曲する．(b) pMLC（リン酸化されたミオシン軽鎖）の割合．前後軸方向に直角の辺と前後軸方向辺とで数え分けた．エラー・バー：SD．＊＊＊：$p < 0.001$ 軸に直角な方向の pMLC に対して．(c) 上皮シート（神経板）の pMLC を染色して撮影したもの．収縮する細胞境界の方向がわかる．ここには細胞一つひとつの形は示されていない [Fig. 1B（部分），Nishimura *et al*. 2012 より]．

り，一方の面が他方に比べて強く縮むことによる（**図 7.5**(a)）．上皮シートは柱状の上皮細胞が平面に詰まって並んだもので，シートの厚みは上皮細胞の高さである．柱状である上皮細胞の頂端の面が強く収縮する面である．この面の収縮方向が胚の前後軸に直角であると，できあがったチューブの軸は前後軸と同じ方向になる．

ニワトリの神経管の形態形成を取り上げよう．この神経管形成の観察で，神経管を縦に置いたとき多角形細胞パターンの横断方向の辺にミオシン II 分子が集積し，これがアクトミオシン束を強く収縮させていることが知られている [Nishimura *et al*. 2012]．2D バーテックス・ダイナミクスを使ったコンピュータ・シミュレーションでも，多角形パターンに前後軸を想定し，これに垂直な辺に強い収縮を仮定すると多角形パターンにハシゴ状のパターンができる (**図 7.6**：$t = 120, 180$)．このハシゴ状のパターンは実際にニワトリ神経管形成前の上皮シートで観察され（図 7.5(c)），前後軸に直角な方向の収縮が原因であることを示唆している．

さて，このように前後軸に直角な辺にミオシン II が集積することで神経管ができることがわかったが，何がミオシン II をその方向の辺に集積させるのか？　これは **Box 8** で述べるように上皮細胞の平面内細胞極性 (planar cell polarity: PCP) を司る Celsr1 というシグナル分子によることがわかった．

Box 8 で PCP シグナルタンパク質である Celsr1 が局在している細胞境界のみが，強く収縮するまでの道筋を述べた．それではそもそも Celsr1 が体軸に垂直な横断方向に発現するのは何によるのか．確かなことはいまのところ不明であるが，これはこの個体の始まりにできる体軸に関わるのだろう．参考になることとして，**Box 6** で述べたショウジョウバエの例がある．Bicoid タンパク質の濃度勾配がショウジョウバエ胚の体軸を決めるのだが，Bicoid タンパク質の濃度の閾値が Hunchback 発現の領域を決めた．この領域の境界はショウジョウバエの体軸に直角であるのだが，これに準じてペアルール遺伝子などの発現方向が体軸に直角となり，Toll タンパク質がこれにならい体軸に直角な細胞境界に発現すると考えられ

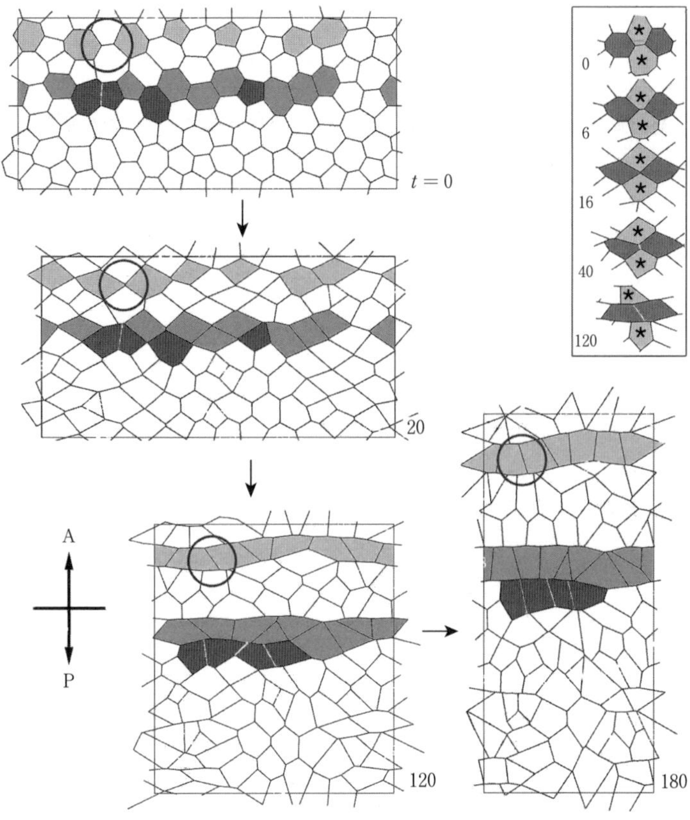

図 7.6　神経管形成のシミュレーション

水平方向の細胞境界が強く収縮する仮定の下で計算を行った結果を平面への展開図で示す．多角形パターンに梯子（はしご）状のものができ（$t = 120$, 180，グレーで示す），画面の横幅は狭くなり縦に長くなる．横向きの辺が短くなってつなぎ換わり，縦向きになる箇所の一つを円で示す．矩形で囲った右上の挿入図はその過程の詳細．梯子パターンができて 2 つの★細胞は上下に離れる [Fig. 2B, Nishimura *et al*. 2012 より改変]．

ている（これが胚帯の体軸方向の伸長につながった．図 1.5(c) 参照）．つまり，ショウジョウバエ胚では，PCP 極性を示す Toll の発

現は受精卵の時期に決められた体軸（前後軸）の向きにならってい
る [Lavalou *et al*. 2021; Tamada *et al*. 2021].

Box 8 PCP シグナル分子である Celsr1 がミオシン II の集積箇所を決める

ニワトリ神経管形成に関連したいくつかの実験により明らかになったのだが，神経板の前後軸を縦に置くと，PCP シグナル分子である Celsr1 が，横断方向の細胞境界にだけ集積している [Nishimura *et al*. 2012]．Celsr1 はショウジョウバエの Flamingo とよばれるシグナル分子に対応する脊椎動物の分子である．以下，図を使って説明する．Celsr1 は PCP シグナル分子である Fz (Frizzled) と作用し Dvl (Dishevelled) を活性化する（以下活性化された分子を*で表す）．Dvl*は DAAM1 (Dishevelled-associated activator of morphogenesis 1) を活性化し，DAAM1*は，足場タンパク質 PDZ と結合し

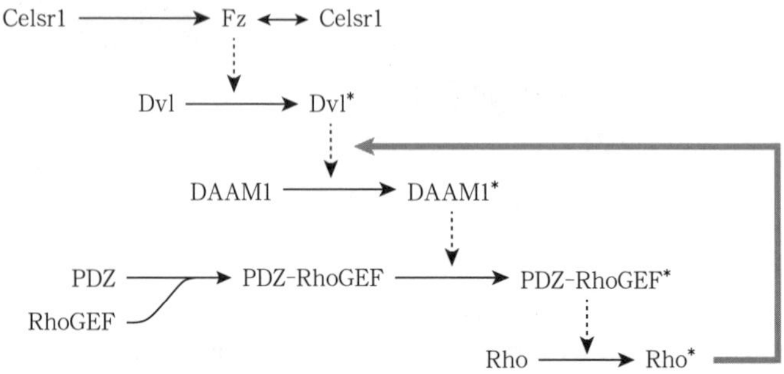

図　シグナル Celsr1 が低分子量 G タンパク質 Rho を活性化するまでの経路

Rho の活性化（Rho*）がアクトミオシンの収縮につながる経路は Box 4 に述べている．太いグレーの矢印の線は正のフィードバックを示す．ニワトリ胚神経管形成における [Nishimura *et al*. 2012] の研究による．活性化されたタンパク質を＊で表す．Celsr1: cadherin EGF LAG seven-pass G-type receptor 1, Fz: Frizzled, Dvl: Dishevelled, DAAM1: Dishevelled-associated activator of morphogenesis 1, PDZ: 足場タンパク質, GEF: GDP/GTP 交換因子, Rho: Ras 類似のタンパク質, Ras: rat sarcoma virus から見つかったタンパク質.

た RhoGEF（GDP/GTP 交換因子）を活性化して PDZ-RhoGEF*となり，PDZ-RhoGEF*は低分子量 G タンパク質である Rho に GTP を結合して活性化し Rho は Rho*となる．Rho*は Box 4 に示すようにミオシン II を完成する．これは Celsr1 の存在する細胞境界だけで起こる．ここでミオシン II は F アクチンとアクトミオシン複合体をつくり強力な収縮を実現する．

ちなみに，ここで低分子量 G タンパク質 Rho のもう一つの働きについて述べる．PDZ-RhoGEF*で活性化された Rho*はフィードバックして DAAM1 を活性化する正のフィードバック・ループをつくっている (DAAM1 → PDZ-RhoGEF → Rho → DAAM1)．これにより横断方向の辺の Rho の活性化はますます強くなる．このように Rho などの低分子量 G タンパク質は，活性化されるとその後いくつもの経路に同時に働き，統合してシステムを働かせる．

この神経管形成で注目すべきことは，どの細胞境界にも Rho が活性化されれば収縮を起こす装置は備わっているのだが，その中で Celsr1 から始まる PCP シグナルが働くところにだけ，ここでは前後軸に直角な細胞境界にだけ，Rho が活性化され異方的収縮が起こることである．

7.5 細胞集団の収斂拡張 (CE)

細胞たちが自ら並び替えを起こして細胞集団が細長く変形する現象（収斂拡張）が，DNA 情報に基づく PCP 極性シグナルの働きとつながったいま，細胞集団の収斂拡張研究の歴史を述べておこう．1975 年にバージニア大学の Raymond Keller はカエル原腸胚背側の収縮が起こるところで前後軸方向に拡張することに気づいた．このあと細胞配列の研究を進め，この細胞の並び替え現象を「収斂と拡張」とよんだ [Keller 1975; Keller 1984; Keller 1987]．これとは独立に我々は哺乳類角膜内皮シートで多角形細胞の並び替えがあり，そのときに図 5.20(d) で示すような細胞境界が「X」字パターンを示すことを観察していた[Honda *et al*. 1982]．我々の細胞シートでの観察は 2D であるから，原腸胚での細胞の並び替えが 3D であるのに対しわかりやすい．この細胞の並び替えはバーテックス・モデルできちんと記述でき，メカニズムの一つは細胞境界の特異的な方向への収縮であると解明できたのだが，細胞たちが何が原因で特異的方向を決めて並び替えを行っているかが不明であった．そんなとき，ショウジョウバエ胚の胚帯が前後軸方向に伸長する現象で，前後軸に直角な方向の細胞境界にミオシンが蓄積しているという実験結果が発表された[Zallen & Wieschaus 2004; Bertet *et al*. 2004]．我々はバーテックス・ダイナミクスを使い，図 7.1(a) と図 7.2〜7.4 に示すように，横方向の細胞境界が強く収縮すると細胞同士の間で並び替えが起こって，縦方向に伸長することを示した[Honda *et al*. 2008b]．細胞集団で横方向に収縮すると，集団が縦方向に伸長するメカニズムが数理的に明らかになった．その後，前節で述べたように（図 7.6），ニワトリ神経板では横方向の境界に PCP シグナル分子 Celsr1 があるとそこにミオシン分子が集積して横境界が収縮することが確認された[Nishimura *et al*. 2012]．またショウジョウバエ胚の胚帯でも Toll の PCP シグナルが同じように働くことはすでに述べた（図 1.5(c); [Lavalou *et al*. 2021; Tamada *et al*. 2021]）．胚の前後軸が PCP シグナルの方向を決め，これにより方向づけられたアクトミオシンの収縮が起こり収斂拡張（CE）が働いて細胞が並び替えを起こし，形ができるという道筋が明らかになったのである．

8

組織がらせんにねじれる

ねらい　細胞たちが自分で生成した力によって形をつくるときに，思いがけない高次な形の物体に変身することがある．平面の物体が平面からはみ出てへこみやねじれの変形を起こすことや (2D → 3D)，まっすぐなチューブがねじれてらせんループになるようなことである (1D → 3D)．制約された環境の中で微小な変位の蓄積が進むとこのバックリングのようなことを起こし，全体として見ると対称性が破れた大きな変形を起こす．DNA 情報はこのような形づくりにどう関わっているのか．これには数理的細胞モデルが有効である．

8.1　3D 空間にある平面のシートがねじれる

本節では，熟したフジの実で見られるねじれをとりあげる．ねじれは形を特徴づける性状の一つであるキラリティーに関係する．3D 空間にサイズが同じである 2 つの形があるとき，構成要素のすべてが同じであっても構成要素間の結合が異なることで違った形になるものがある（有機化学で分子構造を論じるところでは，これを異性体といった）．さらに構成要素間の結合が同じであっても，その形を鏡に映した像（鏡像）が元の形と異なる場合がある．これをキラリティーをもつとよぶ．

これまでは動物組織について述べてきたが，ここでは植物のフジを扱う [Honda & Nagai 2022]．フジの花は淡い紫色の房であるが，咲いたあといくつかが実って大きくなり，種を包んだ莢《さや》ができる．莢は一対の長い殻でできていて，種はその間に一列に並んで入っている．実が熟したあと，乾燥して莢のそれぞれの殻が互いに逆向きにねじれ，突然はじけて種が放り出される．2 つの殻は，はじける前はほぼ平面だったのが，互いに逆方向に強くねじれ，はじけてそっくり返る．そっくり返るのは，殻の外枠は硬くて伸び縮みは小さいのだが，外枠に囲まれた面が収縮し，収縮が大きくなって立体的にねじれるからと考えられる．この過程はバーテックス・ダイナミクスを使ったコンピュータ・シミュレーションで再現できた．そのあらすじを述べる．ただし，このシミュレーション・モデルの多角形は細胞ではなく，植物体を構成するドメインで中に強靱な繊維を含んでいる．

図 8.1(a) に対になった殻の片方を示す．はじけて落ちた殻を湿らせると平らになる（図の上段）．乾燥した部屋に置くとねじれが始まり次第にねじれは大きくなる（図の中段と下段）．この殻の周囲（枠）の長さ L と周囲に囲まれた面積 S を経時的に測定した．ねじれた面は 3D 空間では平たくない．小さな三角形に区切ってその面積を測定して合計した．結果はアロメトリーに照らして比較したが，周長の短縮に比して面積の縮小は大幅に大きかった．

一方，図 8.1(b) は微分幾何学で双曲放物面とよばれるものである．細長い矩形であった平面を，4 つの辺の長さを変えないでねじったものである．隣り合う 2 辺の連結の角度は直角から外れる．こ

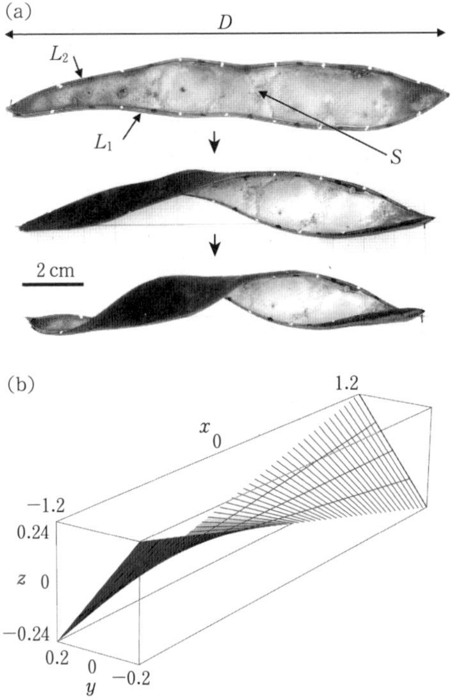

図 8.1　フジの実の莢と数学的曲面

(a) 2つの殻からなるフジの莢のうち一つを示す．（上から）乾燥とともにねじれが進む．D: 殻の長さ，L_1, L_2: 1つの殻の上縁と下縁の長さ，S: 殻の縁が取り囲む面積（縁上の点を結んでできる三角形の面積和）．(b) 双曲放物面［Figs. 9.1, 9.3, Honda & Nagai 2022 より］.

のねじれによって4辺で囲まれた最小曲面とよばれる曲面の面積は元の矩形の面積よりも減少し，この図の場合，76.0% に減った．そこで逆に，矩形の4辺の長さを固定したまま（4辺のそれぞれの連結の角度は可動として)，3D 空間で4辺が囲む面積を小さくすると矩形であった四辺形はどうなるかをバーテックス・ダイナミクスを

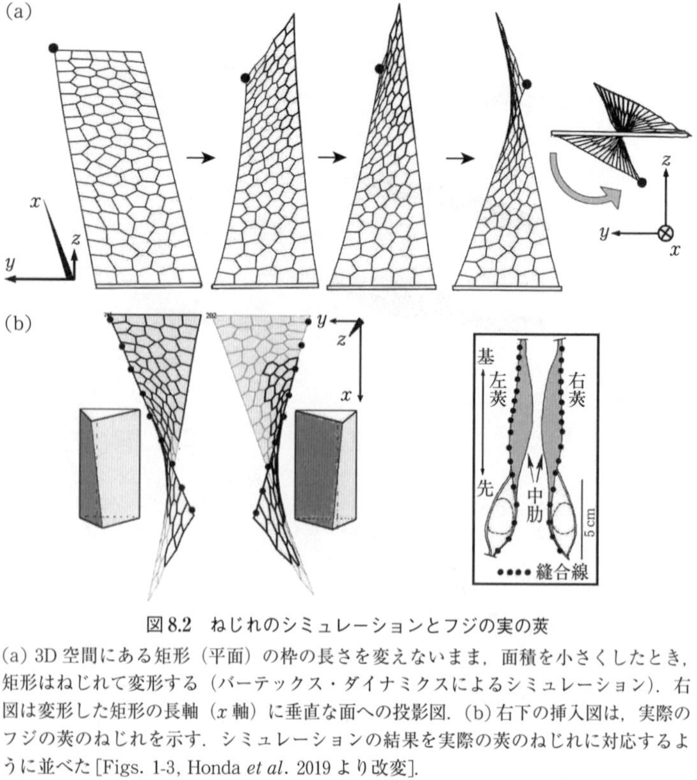

図 8.2　ねじれのシミュレーションとフジの実の莢

(a) 3D 空間にある矩形（平面）の枠の長さを変えないまま，面積を小さくしたとき，矩形はねじれて変形する（バーテックス・ダイナミクスによるシミュレーション）．右図は変形した矩形の長軸（x 軸）に垂直な面への投影図．(b) 右下の挿入図は，実際のフジの莢のねじれを示す．シミュレーションの結果を実際の莢のねじれに対応するように並べた [Figs. 1-3, Honda *et al*. 2019 より改変].

使って調べた（後ほど図 8.3(c) で説明するが，このダイナミクスでは 3D 空間での頂点のつなぎ換えを使っている）．

運動方程式の初期条件として，細長い短冊状の平面をつくった (1×4)．中は 100 個の多角形ドメインが隙間なく詰まっている（**図 8.2**(a) 左端）．短冊の枠 4 辺のそれぞれの辺長を固定したまま，中の多角形の面積が小さくなるよう要請すると図 8.2(a) に示すように，4 辺で囲まれた平面が曲面に変わりねじれが生じた．

フジの殻が乾燥すると殻の枠は縮まないが中の面が縮む．これが枠にストレスとして働き枠は平面内には納まらないで立体的にはみ出してしまう．このはみ出しによるねじれ方向に2通り（右巻き左巻き）あるのだが，これは枠のはじめのわずかな非対称が増幅されて目に見えるようになったと考えられる．

図8.2(b) 右下の挿入図にフジの莢が描かれている．莢は筒型であるが，莢の起源は葉の起源と共通で，葉の両縁が互いにつながって（縫合して）できた円筒に対応している．扁平な葉の中央の葉脈に当たるところは莢の中肋《ちゅうろく》とよばれ，葉の縁に当たるところは両縁が合わさって1本になり莢の縫合線とよばれる（莢の中の種子一つひとつは縫合線とつながっている）．言いかえれば，莢には中肋と縫合線が縦に通っていて一対の殻のつなぎ目になっている．乾燥してはぜるときには多くの場合，中肋も縫合線も裂けて割れる．したがって殻の両縁はそれぞれ中肋と縫合線であって，莢がフジの枝から下に垂れているとき一対の殻の右殻か左殻かは殻の中肋（または縫合線）がどちら側かで区別がつく．

図8.2(b) はシミュレーションで右ねじれと左ねじれの短冊を作り，下向きに垂れた一対の殻に対応するように並べたものである．この一対の短冊をつくる初期条件の非対称は莢を構成する繊維の配向の非対称に基づくと考えられる．莢に強力な繊維が存在していることは実際に観察されている［大宮 2009］．

キラリティーが形成されるのは，何らかの異方性があるからだが，ここで述べたキラリティーの形成は，力を受けて変形する基質に異方性があるからで，力（収縮力）には異方性はない．この点が8.3節で述べる，異方的な収縮力によって生ずるキラリティーとは異なっている．

8.2 まっすぐなチューブがねじれてらせんループになる (1D → 3D)

一般の円筒型のチューブを考える．この側面は多角形が隙間なく詰まってできたシートであるとする．多面体同士の境界には収縮能があり，特定の方向の辺は特に強く収縮するという異方性を仮定する．多角形細胞パターンで述べた図 7.1(a) に示す収斂拡張 (CE) が起こると考えるのである．縦に置いたチューブの，軸に直角方向（水平方向）の辺が強く収縮するとすれば，チューブは軸方向に伸長しようとする．このときチューブの上下両端間の距離が固定されていれば，チューブには軸方向に伸長による強いストレスが生じる．このときチューブはどうなるかをバーテックス・ダイナミクスを使って調べた．

運動方程式は式 (6.1) を使う．ポテンシャル U は

$$U = U_{\mathrm{L}} + U_{\mathrm{ES}} + U_{\mathrm{EV}} + U_{\mathrm{F}}. \tag{8.1}$$

ここで U_{L} は多角形の辺に沿うポテンシャルエネルギーである．

$$U_{\mathrm{L}} = \sigma_{\mathrm{L}} \Sigma_{<ij>} w_{ij} L_{ij}(t) \tag{8.2}$$

σ_{L} は辺のエネルギー密度である．L_{ij} は辺 $<ij>$ の長さ，w_{ij} は辺のエネルギー密度への重み付けで，辺が特定の方向ならば大きく，そうでなければ基準値 $w_{ij} = 1$ である．辺が特定の方向かどうかの判断は，各々の多角形にある極性を基準にして辺の角度を求めて判断する．多角形の極性は，どれも初期状態の円筒チューブの長軸方向に一致するように決めた．このチューブがねじれたりうねったりの変形を行うとそれぞれの多角形は小さな回転を行い，その極性は変化する．この変化を知るのに，回転する多角形に隣接する周りの

多角形の動きを使うことにした．**図 8.3**(a) に示すように，周りの多角形の位置が 1 ステップのうねり間にそれぞれ少し回転する．これらの平均を求め，多角形の極性はこの平均角度だけ回転するとした．

式 (8.1) の U_{ES} は多角形面積についての弾性エネルギーである．

$$U_{\mathrm{ES}} = \kappa_{\mathrm{S}} \Sigma_{\alpha}^{n} [S_{\alpha}(t) - S_{\mathrm{o}}]^2 \tag{8.3}$$

これは多角形 α の面積 $S_{\alpha}(t)$ が S_{o} に近いことを要請する項である．S_{o} との差異の 2 乗だけリスクとなってポテンシャルの増加になる．リスクの和は多角形の総数 n まで行う．κ_{S} は多角形面積の弾性エネルギー密度である．

式 (8.1) の U_{EV} はチューブの全体の体積についての弾性エネルギーである．

$$U_{\mathrm{EV}} = \kappa_{\mathrm{V}} [V(t) - V_{\mathrm{o}}]^2 \tag{8.4}$$

これはチューブの体積 $V(t)$ が V_{o} に保たれることを要請する項である．κ_{V} はチューブ体積の弾性エネルギー密度である．

式 (8.1) の U_{F} は多角形でできたシートの凸凹を小さくしてシートをなめらかにする項である．本来シートは厚みのある細胞でできたものであるがこれを単純化し厚みのない面としている．そこでシートに極端な折れ曲がりなどができないようにこの項を設定した．

$$U_{\mathrm{F}} = \kappa_{\mathrm{F}} \Sigma_{j} (\boldsymbol{r}_j - \boldsymbol{r}_{\mathrm{G}})^2 \tag{8.5}$$

頂点 j には 3 本の辺 $< j\text{-}j_1 >$，$< j\text{-}j_2 >$，$< j\text{-}j_3 >$ が会合している（図 8.3(b)）．これらの辺でできた三角錐の高さは低いのが望ましい．三角錐の頂点 j と底面の三角形 $j_1 j_2 j_3$ の重心 $\boldsymbol{r}_{\mathrm{G}}$ との距離が

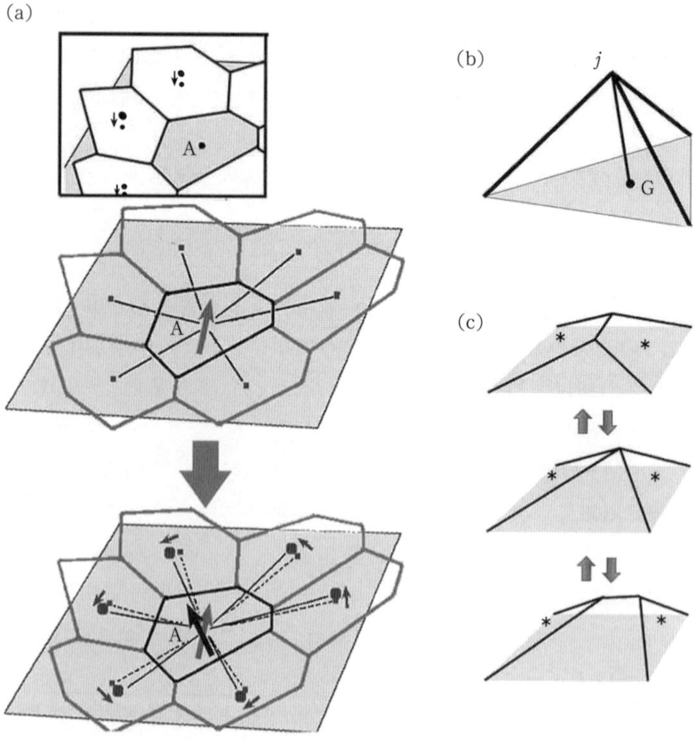

図 8.3　シミュレーションで使った方法の説明

(a) ねじれが起こるチューブ表面での多角形はねじれのためステップごとにわずかに回転する．微小な回転による多角形の極性の変化を求める．矩形で囲った左上の挿入図は，多角形 A の平面に A を取り巻く隣接多角形の中心をそれぞれ投影する．チューブの変形（ねじれ）の 1 ステップで多角形 A に対して隣接多角形が回転した角度を求め，すべての隣接多角形の回転角の平均だけ A の極性を回転させる（多角形 A 内の矢印は極性を示す）．(b) 式 (8.5) のための説明図．頂点 j で会合する 3 辺の末端がつくる三角形の重心が G である．式 (8.5) は距離 j-G が小さいこと，すなわち辺がつくるネットワークは凸凹の少ない面であることを要請する項である．(c) 3D での頂点のつなぎ換え．このつなぎ換えで 2 つの多角形（∗）は隣接したり離れたりする [Fig. S1, Honda 2021 より].

小さいことを式 (8.5) は要請している．これによりシート内の多角形はなめらかな面をつくる．κ_{F} は調整のための定数である．

運動方程式の計算中に短い辺ができたときにはこれまで述べたバーテックス・ダイナミクスと同じように頂点のつなぎ換えを行うのだが（図 5.20(b))，ここでは 3D 空間であるためつなぎ換えに関係する 5 つの辺は立体的に配置している．そこでは図 8.3(c) に示すようなつなぎ換えを行う．

人工的円筒チューブをつくり，チューブの両端間の距離（上端と下端の二円の中心間の距離）を固定した条件下で運動方程式を働かせ，チューブの変形を調べた．特定方向の辺を強く収縮させる（すなわちその辺に大きな w_{ij} を使う．$w_{ij} = 2.7$)．これにより多角形の集団は収斂拡張 (CE) を行い，**図 8.4** に示すように強い辺収縮の方向に対して直角な方向に，多角形集団は伸長する．強い収縮を起こす辺の方向をいろいろに変えてシミュレーションを行った（**図 8.5**)．図 8.5(a) のように，チューブの長軸（縦軸）に近い方向の辺（黒矢印．長軸と角度 $\theta = -30^\circ$ をなす辺）を強く収縮させると，多角形の並びの伸長方向は横方向に傾く（太い白矢印)．チューブ表面の多角形はその方向に動いてチューブ表面を渦巻くように回転した（この回転は図 8.5 挿入図に示すように，理髪店のサインポールの動きに似ている)．図 8.5(c) のように横方向に近い方向の辺（黒矢印．長軸と角度 $\theta = -80^\circ$ をなす辺）を強く収縮させると細胞の並びの伸長はほぼ長軸方向になって（太い白矢印)，チューブにバックリングが生じチューブはうねるように大きく変形した．図 8.5(b) のようにやや戻した方向に辺を収縮させると（黒矢印．$\theta = -70^\circ$)，チューブはうねらずに単純な「く」の字型のバックリングを行い，多角形が表面を回転するような動きはなかった．

以上に述べた人工的円筒チューブを使ったコンピュータ・シミュ

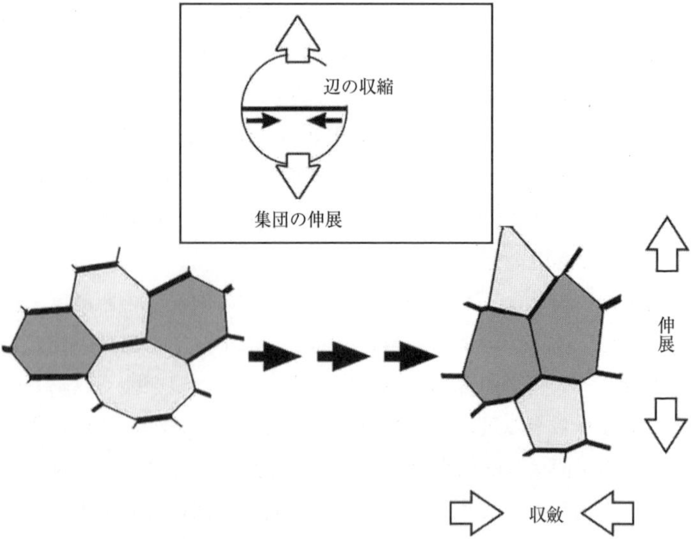

図 8.4　辺の異方的収縮による並び替わり

水平方向の辺が収縮すると，収斂拡張（CE）により細胞集団が縦長に伸長する．図 7.1(a) を参照のこと [Fig. 2A, Honda 2021 より]．

レーションの結果から，チューブの上端下端間の距離を固定したままチューブを伸長させると，条件によってはバックリング（座屈）とよばれるチューブの大規模な変形が起こることがわかった．まとめると，伸長の方向がチューブの長軸より大きく逸れると（垂直に立てたチューブの伸長が水平方向に近いと）チューブ側面の細胞はチューブの表面を動き理髪店のサインポールのようなパターンをつくった．伸長の方向をチューブの長軸に平行になるようにすると，伸長しようとするチューブは上下からの抵抗にあい大規模な変形を起こし，うねるようならせんループをつくった．このような大規模変形は構成単位に特別な方向に片寄った力で生じることがわかった．私はかねがね哺乳類や鳥類の初期心臓が左巻きらせんにループ

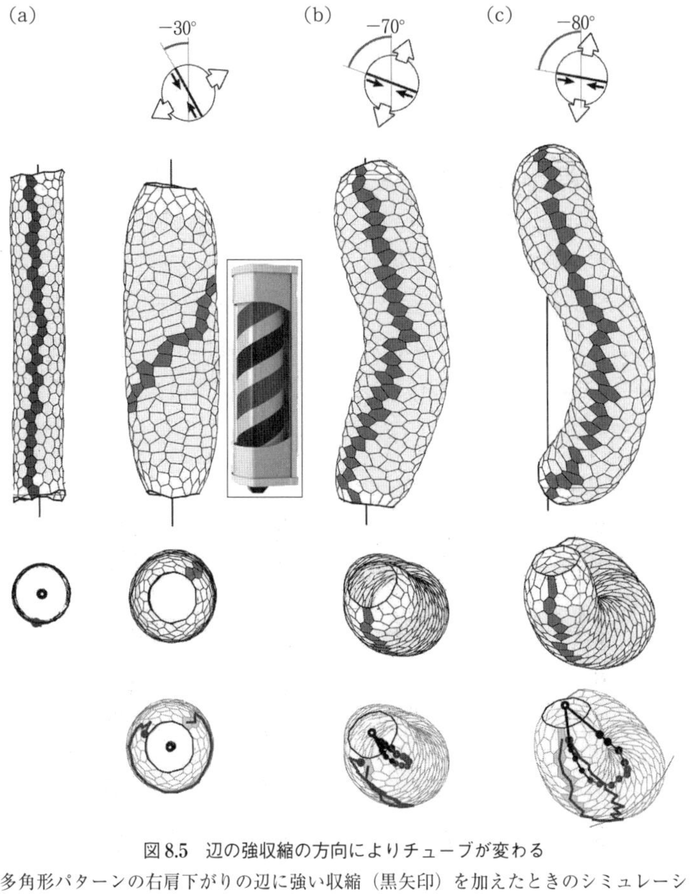

図 8.5　辺の強収縮の方向によりチューブが変わる

多角形パターンの右肩下がりの辺に強い収縮（黒矢印）を加えたときのシミュレーション．多角形の集まりは収縮方向に直角に伸長する（白矢印）．(a) チューブ表面の多角形が表面上を右ねじれ方向に回転する．似た回転をする理髪店のサインポールの写真を挿入した．(b) チューブ表面の多角形は回転しないで，チューブ自体は「く」の字に屈曲する．(c) チューブ表面の多角形の回転はしないまま，チューブ自体が左巻き方向にねじれる．下段は水平面に投影した平面図．ここで示した辺と長軸との角度 −30°，−80°，−70° は元の文献 [Honda 2021] の数値（−15°，−65°，−55°）を訂正したものである．初期条件に使ったチューブの側面の経線のベースラインを調整したうえで変更した [Fig. 2B-E, Honda 2021 より改変]．

するのを不思議に思っていた．ここで行った人工的なチューブの変形のシミュレーション結果は初期心臓の謎解きに役立つと考えた．

8.3 初期胚心臓のチューブがらせんループをつくる (1D → 3D)

8.3.1 キラリティーと非対称性

ねじれらせんと非対称性 (asymmetry) との関係について確認しておこう．ねじれらせんは3D空間で3つの軸での非対称の組み合わせにより起こる．**図8.6** はまっすぐであった鎖がねじれるところ

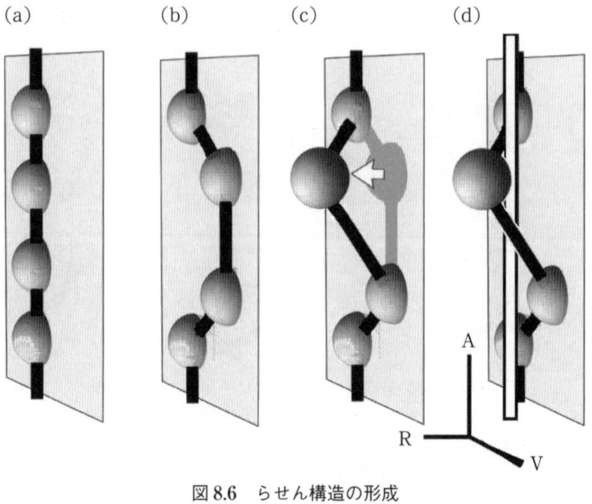

図8.6　らせん構造の形成

3つの非対称操作の組み合わせでつくられる．(b) 背腹 (D–V) 軸の非対称．腹側 (V) に突き出る．(c) 前後 (A–P) 軸の非対称および左右 (L–R) 軸の非対称．前半部分 (A) が右 (R) に変位する．(d) 前後軸（白い棒）の周りに左巻きらせんができる．A: anterior（前），P: posterior（後部），D: dorsal（背側），V: ventral（腹側），R: right（右），L: left（左）[Fig. 1A, Honda *et al*. 2020 より]．

を示している．図 8.6(a) の鎖は背腹軸の腹方向 (V) に出っぱるという非対称を起こす (b)．次に前後軸の前部分だけが（前後軸非対称），左右軸の右方向 (R) に変位する（左右軸非対称）という 2 つの非対称を起こす (c)．こうして鎖は前後軸周りに左巻きにねじれたらせんになった (d)．前後，背腹，左右での 3 つの非対称が組み合わさってらせんができたのである．

この鎖の変形を，哺乳類や鳥類の初期胚の心臓のねじれ形成に対応させてみる．体の前後軸については頭と尻の区別という非対称である．背腹軸は腹側と背側の区別であり，初期心臓チューブでいえば背側にはすぐ傍に消化管があるので非対称は明確である．さて第 3 の非対称の左右についてはマウスやニワトリの外形は左右は非対称ではない．ところが体内の初期心臓チューブは発生過程で明確に右方向に曲がる（C ループとよばれている）．何がチューブを右に曲げるのか，またはどんな機構があってチューブが右に曲がるのか，これが問題である．ここでの「右」は動物の体の右である．腹側から見ればこれは向かって左側になる．

初期心臓を構成する心筋細胞についてその形や増殖などが調査されたが，種間に共通する非対称に関わる明確なものは見つけられていない．たとえば，体づくり（発生過程）では，体の左右に側板中胚葉 (lateral plate mesoderm: LPM) とよばれる組織ができ，この組織の細胞がいろいろな臓器の中胚葉になる．そんななか，初期心臓は体の中央に 1 つだけあるのだが，これは左右の側板中胚葉からの細胞が合わさってできたものである．合わさる前の側板中胚葉間に左右の違いがあるという注目しないではいられない事実が知られている．いろいろな動物種でそれぞれ独自な過程を経るので単純ではないのだが，それぞれの過程の末，左側側板中胚葉に *Nodal* とよばれる遺伝子の発現がある．これは種間で共通している．*Nodal*

の下流には *Pitx2* などの遺伝子が発現し，これらが Nodal シグナル伝達系をつくっている．ところが，この *Nodal* 関連遺伝子の左右非対称な発現と初期心臓ループ形成の細胞の動きとの関連が不明確なのである [Desgrange *et al*. 2018; Rahman *et al*. 2020].

このような状況のなか，心筋細胞がキラリティーをもち，この細胞間の境界の（初期心臓を腹側から見て）右肩下がりのものにだけミオシン II の蓄積が検出されているという観察がなされている．これはこの方向の境界の強い収縮を示唆している．この異方的収縮を取り入れたバーテックス・ダイナミクスによるシミュレーションを行うと，初期心臓チューブは領域により異なる伸長を起こした．背腹軸の腹側前半部では左領域が大きく伸長し，また腹側後半部では逆に右領域が大きく伸長した．チューブ腹面が均一なキラリティー（異方的収縮による）をもつ細胞だけで構成されていると仮定しているのに，背腹・前後・左右 3 軸の非対称が同時に実現し，ついにはねじれらせんが形成されたのである．このシミュレーションの結果は，体内の左右の特異化を特に仮定しなくても，構成細胞のキラリティーの仮定だけでねじれらせんの方向は決まることを示している．以下にこのシミュレーションの詳細を述べる．

8.3.2　初期胚の心臓チューブ

ニワトリの初期胚心臓の心筋細胞について詳しい研究がなされている [Ray *et al*. 2018; Rahman *et al*. 2020]．心筋細胞はキラルな性質をもっていることが明らかにされた．初期心臓チューブを縦に置き，チューブ前部 (anterior) を上にして腹側からチューブを見る．チューブ腹側の多角形の心筋細胞の境界に沿って F アクチンが見られるが，この境界のうち（観察者から見て）右肩下がりの境界には F アクチンとともにミオシンの集積が観察される．この境界はアクトミオシンによる収縮が他よりも強いと考えられる．そこでこれらの多角形細胞について，強い収縮を示す境界の方向が右肩下がりであることは，チューブの長軸に関して左右非対称性があることになる．すなわち多角形細胞はキラルである．この他にも心筋細胞の性質がキラルを示すことはいくつか報告されている．ばらばらにした心筋細胞には培養皿の上で時計回りに回転するものが多いとか，腹側の心筋細胞中の細胞核からゴルジ体への線分は（観察者から見て）右肩下がりが多いとの観察がある．このようなことから心筋細胞はキラルな細胞であるといってよいようである．その原因としていろいろなものが考えられるのだが，フォルミンもその一つである．F アクチンにアクチン顆粒が重合するときに，図 1.4(c) に示すフォルミンと F アクチン間で回転運動が起こるのであるが，この回転がキラルの原因であるかもしれない．この確認は今後必要である．

以上の知見に基づいて，心筋細胞の細胞境界のうち右肩下がりのものは強く収縮するという仮定の下に初期心臓のらせんループ形成のコンピュータ・シミュレーションを行った．

コンピュータ・シミュレーションの初期状態として使った心臓チューブは，**図 8.7** ($t = 0$) に示すように側面が多角形細胞に覆われた円筒であるが，上端と下端の円周間の距離は固定されている．Ray らの心筋細胞の観察に従って，多角形の辺は指定された方向には特に強い収縮を行うと仮定した．

初期心臓チューブの変形のコンピュータ・シミュレーションのための運動方程式は式 (6.1) を使った．ポテンシャル U は前節で述べたものである（式 (8.1)〜(8.5)）．異方的収縮を指示する角度 θ はそれぞれの多角形細胞がもっている極性方向を基準にして決める．この極性は図 8.3(a) に示したように，チューブがねじれて変形す

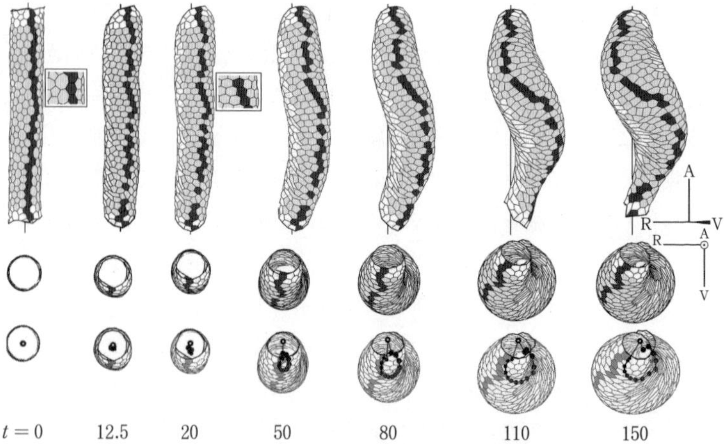

図 **8.7**　まっすぐな初期心臓チューブが左巻きらせんループを形成するシミュレーション
右肩下がりの辺が（長軸との角度 $\theta = -75°$）他の辺よりも $w(= 2.7)$ だけ強く収縮すると仮定した．$t = 0$ と $t = 20$ の矩形で囲った挿入図は，拡大して多角形の形と並びを示す [Fig. S3, Honda 2021 より改変]．

ると多角形細胞が動いて刻々と変化する．極性を基準にした角度 θ によって多角形のどの辺が強い収縮を行うかが決定されるのだが，これは細胞を介して行う．すなわち，**図 8.8**(a) に示すようにその多角形の極性方向（矢印）を基準にして角度 θ の異方的角度の線 A を引き，（多角形の中心を通って）これに垂直な線が交差する辺 P_1 と P_2 を強く収縮する辺とする．多角形の辺のうち，異方的角度線 A に方向の近い辺が強く収縮することになる．これは，強く収縮する辺かどうかの判断は辺自身が行うのではなく，それが属している細胞が行うという考えである．

8.3.3　心臓チューブのループ形成（コンピュータ・シミュレーション）

人工的チューブのねじれのシミュレーション（図 8.5）では，強

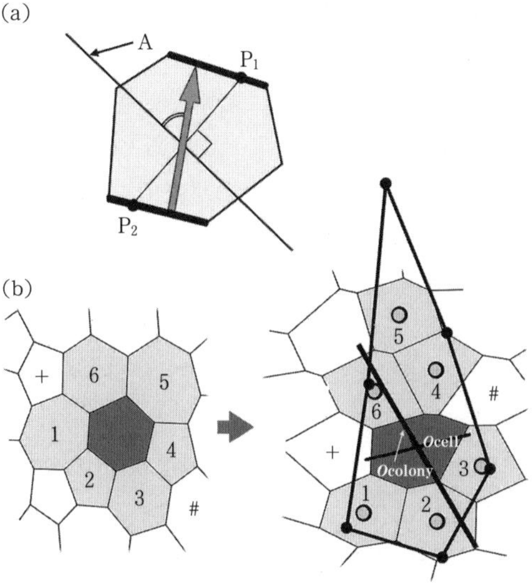

図 8.8　シミュレーションの実施と結果の解析に使った方法

(a) 多角形の辺の中で，多角形の極性（矢印）から角度 θ の方向（直線 A）に近い辺 P_1, P_2 を求める方法．多角形の中心を通り直線 A に直角な直線が多角形の辺と交差した点が P_1, P_2 である．点 P_1, P_2 を通る辺 P_1, P_2 はそれぞれ直線 A に近い方向になっている．(b) コロニーの長軸を求める方法．多角形（濃いグレー）に隣接する 6 個の多角形はシミュレーションにより右図のように移動した．この多角形からなるコロニーの形の長軸を，慣性楕円の方法を使って求める（O_{colony}）．ただし長軸ははじめのコロニーの形に基づき規格化した（規格については [Fig.1c, Honda 2021] を参照）．ちなみに O_{cell} は，多角形（濃いグレー）の長軸を慣性楕円の方法で求めたものである [Fig. 1c, Honda 2021 より]．

く収縮する異方的な辺の角度 θ を $\theta = -70^\circ$ とした（この角度に近い辺が強く収縮する）．このような値にするとチューブは大規模なねじれを起こした．この経験に基づき初期心臓チューブでのシミュレーションを行った．角度 θ はここでは $\theta = -75^\circ$ とし，収縮の大きさの重み w_{ij} を 2.7（他の角度では $w_{ij} = 1.0$）としてシミュレーションを行うと，見事なねじれらせんのループを形成した．形成過程を図 8.7 に示す．チューブの形は，はじめは大して変化しないのだが ($t = 0$〜20)，その表面の多角形細胞のパターンが亀甲パターンであったのが（$t = 0$ の挿入図），変形して並び替えが起こり横並びの配列になる（$t = 20$ の挿入図）．このあとは多角形の配列は大きくは変化せず，多角形のサイズや形が変化しながらチューブが大規模な変形であるねじれを起こす．図 8.7 の上段は側面図を示したが下の二段は平面図で，最下段はチューブを半透明にして内部がわかるようにした．チューブの中心線を鎖で示している．チューブがループ状に変形していることがわかる．パラメータ変化に対するロバストネスを調べたところ，ねじれらせんは $\theta = -70^\circ$ や -80° を使っても大して変化せず，収縮の大きさの重みについては $w_{ij} = 2.4$ や 3 でも大きな違いはなかった．また，細胞のキラリティーの純度が下がった場合についても調べた．Ray らの観察 [Ray *et al*. 2018] では，心臓チューブには逆のキラリティーを示す細胞が混在しており，キラリティーの純度は平均 68.7% であったのだが，この程度の純度でもシミュレーションを行った．我々のシミュレーションの結果は常に左巻きらせんループを示した [Honda 2021]．純度についてこの程度の混在は許された．

8.3.4　ループの左巻き形成のメカニズム

シミュレーションで得たねじれらせんの巻き形成のメカニズムを知るために，チューブのいくつかの部分領域での細胞の変形と細胞の並び替えについて詳しく調べた．チューブの腹側の上下左右 4 領域の矩形の変化を調べると，**図 8.9** に示すように（腹側から見た図である）上部では右側 (aR) の矩形が細長く伸展し，左側 (aL) の矩形は幅広になり屈曲した．下部では領域の伸展・幅広が上部と左右が逆の結果を得た．さらに個々の多角形についてすべての長軸方

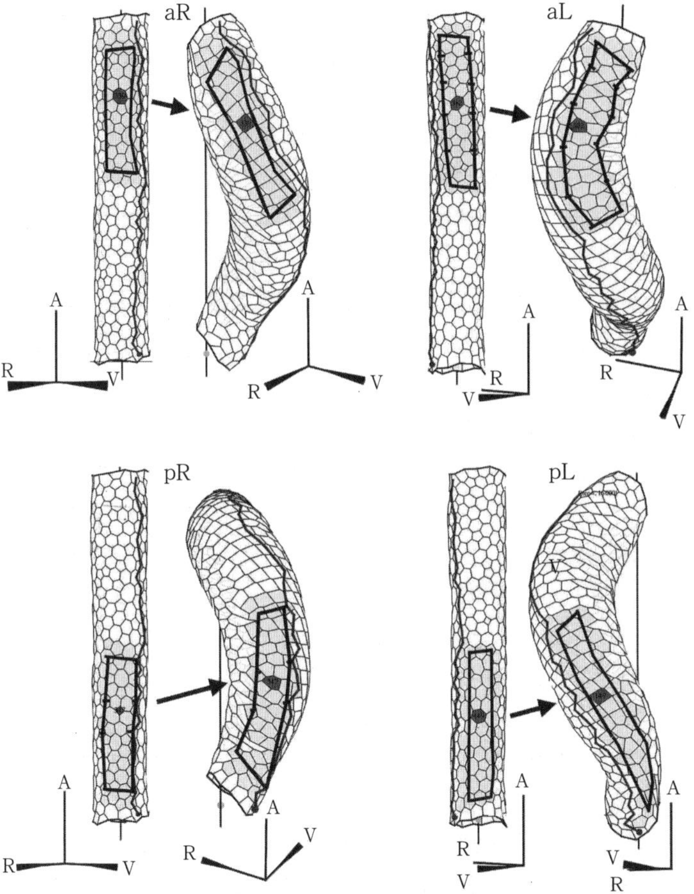

図 8.9　チューブのねじれで起こるチューブ表面の多角形パターンの変化

チューブ腹側の 4 つの領域である，前部右 (aR)，前部左 (aL)，後部右 (pR)，後部左 (pL) での矩形の変化を示す．矩形が aR と pL では長くなり，aL と pR では広くなった [Fig. 5A, Honda 2021 より]．

向とその方向への扁平の程度を調べた．多角形の形を知るために長軸の方向をまとめてプロットした結果が**図 8.10**(a) である．チューブ腹側の左と右を分けて示したが，左右で大きな違いは見られない．そこで多角形の形ではなく多角形の並び替えについて知りたく，この変化を測定できるよう工夫した．その方法を図 8.8(b) に示す．初期状態で 1 つの多角形（濃いグレー）の周りに隣接する多角形をマークし（淡いグレー），この淡いグレーの多角形の集まりをコロニーとする．チューブがねじれて多角形の並び替えが起こると，コロニーの形が変わる．このコロニーの長軸を図 8.8(b) に示す方法で求めた．ねじれらせんができたときのコロニーの長軸の方向をまとめてプロットしたのが図 8.10(b) である．この図を見ると，細胞並びの伸長がチューブ腹側表面の部分のそれぞれの領域で大きく片寄っていることがわかる．チューブ腹側上部（前部）では右半分 (R) のコロニーが長軸を縦方向にそろえ，左半分 (L) ではコロニーの長軸を横方向にそろえている．チューブ腹側下部ではコロニーの長軸をそろえる方向が逆になっている．この結果は先に述べた領域の伸長結果（図 8.9）に対応している．ちなみに実際のニワトリの初期胚心臓の形態形成について詳しい測定と解析がなされており，その観察とこのシミュレーションの結果は一致している [Kawahira *et al*. 2020].

これまでのことを**図 8.11** にまとめた．(a) に示すように，多角形細胞境界の異方的な強い収縮 ($\theta = -75^\circ$) によりチューブの伸長は長軸方向から逸れて，やや斜めの向き（時計文字盤短針の 0:30 または 6:30 方向）に伸びる．チューブの上端と下端は固定されているから，この斜めの伸びによって，チューブの中央部で大きなバックリングが起こる．バーテックス・ダイナミクスで計算すると確かに伸長する領域は，上部右側と下部左側になる（図 8.10(b)）．試み

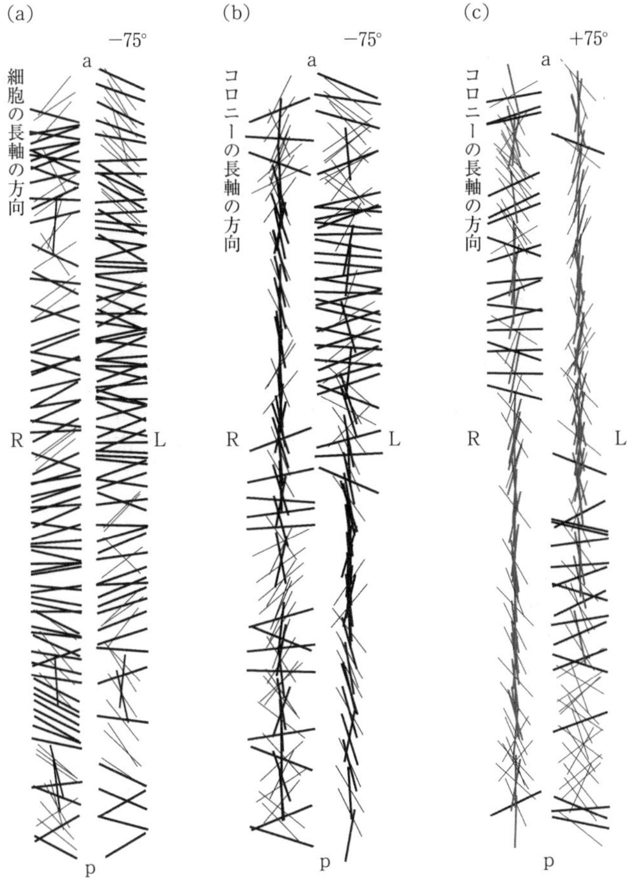

図 8.10　ねじれたチューブの細胞とコロニーの長軸の方向のまとめ

左巻きループ形成後の多角形細胞 (a) とコロニー (b) の長軸の方向．それぞれ，チューブの右側 (R) と左側 (L) を別々に重ねて表示した．コロニーの長軸は前部右側と後部左側では縦向きになっている．(c) 右肩下がり (−75°) ではなく右肩上がり (+75°) の辺を収縮すると，ループは右巻きになるのだが，長軸が縦向きであるコロニーの場所は左右逆位になる．すなわち，コロニーの長軸は前部左側（aL）と後部右側（pR）で縦向きになる [Figs. 5F, 5G, S6G, Honda 2021 より]．

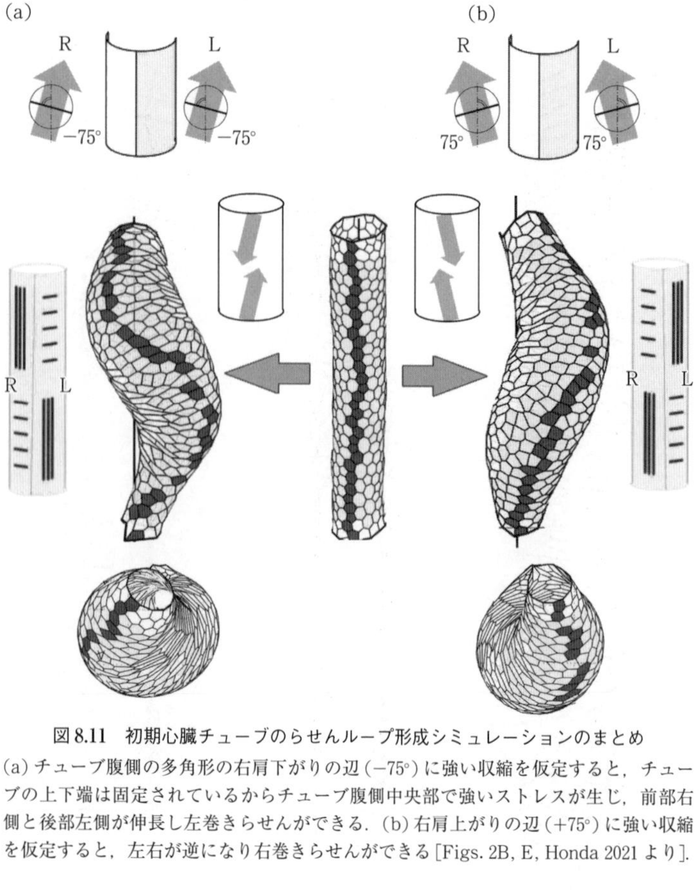

図 8.11　初期心臓チューブのらせんループ形成シミュレーションのまとめ
(a) チューブ腹側の多角形の右肩下がりの辺 (−75°) に強い収縮を仮定すると，チューブの上下端は固定されているからチューブ腹側中央部で強いストレスが生じ，前部右側と後部左側が伸長し左巻きらせんができる．(b) 右肩上がりの辺 (+75°) に強い収縮を仮定すると，左右が逆になり右巻きらせんができる [Figs. 2B, E, Honda 2021 より].

に収縮の異方性を逆向きにすると ($\theta = +75°$) コロニー長軸の方向の分布は図 8.10(c) に示すように左右で逆になり，ループは右巻きらせんになる（図 8.11(b)).

ここで強調したいのは，チューブ腹面全域の細胞に均一な異方性を仮定しているのにかかわらず，伸長の方向は腹面上下左右領域で非対称に振り分けられることである．これは数理的な細胞モデルで初めて確認できたことである．この現象が多角形細胞のキラリティーによっていることは，先に述べたように，多角形辺の強い収縮が逆方向の角度 $\theta = +75^\circ$ で起こると仮定すると左右が逆になることから明確である（図 8.10(c)，図 8.11(b)）．

ここで，ループの回転方向について述べる．ここまで，心臓のループ形成について述べてきた．動物の体内にいくつかのループ構造が知られているが，心臓ループはその中でも特異なものである．動物の体内は厳密にいえば左右非対称であるとはいえ，概していえば左右対称で，普通，右の物は左にその鏡像があって全体としては左右対称が保たれている．聴覚器官の蝸牛管のループは興味深い形であるが，左右の蝸牛管のループは互いに鏡像関係であり全体としてみると左右対称である [Ishii *et al*. 2021]．精巣上体は複雑なループ構造を呈しているがこれは部分部分が右巻きループであったり左巻きループであって，全体としては両者の混在である [Hirashima 2014]．これらのループについては，たとえば右巻きループを見たときなぜ右巻きなのかの疑問は，一方で対称的な左巻きループができるのだからさほど深刻な問題でもない．巻き方向を決める何かがあって，これが右左で対称に配置されているというようなことが考えられる．しかし心臓の場合，普通は右巻きループではなくて，いつも左巻きである理由は簡単には説明できない．このように動物体で見られる回転の方向については，左巻きと右巻きが対になった対称的回転方向と，個体の中での一方向に片寄った絶対的回転方向とがあるのだ．

心臓の多角形細胞の強く収縮する境界が右肩下がりだというのは，心臓細胞に絶対的回転があってのことだが，我々は，絶対的回転方向の原因は「タンパク質アクチン顆粒の重合が右巻きらせんであるから」と見当づけるところまできた．タンパク質のキラリティーのせいとするのだ．絶対的回転方向は心臓ばかりではない．ショウジョウバエの雄の生殖器が一方向に回転することや [Kuranaga *et al*. 2011] ショウジョウバエの後腸が軸周りに一方向に回転することが知られている [Inaki *et al*. 2018]．我々は，人工チューブが構成単位のキラルな性質ゆえに回転することをシミュレーションで示したが，雄生殖器や後腸の回転もこれに関連づけられるだろう．

9

DNAから形ができるまで

ねらい　DNA 情報から生物の形がつくられているはずだと考えられながら，その具体的な道筋が見当づけられるようになったのはそれほど昔のことではない．多細胞体の形がつくられるためには力が必要なのだが，その力は細胞が生成する．力による変形が形になるためには，その力に方向性がなければならない．多細胞体の中で方向性を指示する機構として PCP シグナルが知られているが，これが力を生成するアクトミオシンとつながって，方向性のある力ができる道筋が確認されたのは 2012 年のことである [Nishimura *et al*. 2012]．本書の終わりにあたって DNA から形までの全経路を述べる．細胞から多細胞の形までだけでなくその前の DNA 情報から細胞までの経路も含めた理解の経緯である．

9.1　まとめ

あらすじを**図 9.1** に示す．まず DNA 情報に由来するペプチド鎖であるタンパク質分子の 2 つの機能に注目する．**分子を選ぶ機能**

(I) タンパク質の生体での機能	・活性化ありなしの2状態 ・活性化シグナルを伝える ・力の生成
(II) 細胞の性質・能力	・細胞間の接着 ・境界の収縮 ・特定方向の境界の収縮 ・キラリティーをもつ
(III) 多細胞体の形の形成	・シートになる ・袋やチューブになる ・袋やチューブが伸長する ・チューブがねじれる

図9.1　タンパク質分子の特異性と触媒機能から多細胞体の形に至る道筋

(特異性) と**触媒機能**である．これらの機能は分子同士の接近による相互作用で理解できる．これらの機能をもったタンパク質が，オン・オフ2状態をもつ分子，シグナルを伝える分子，また力を生成する分子になることができる (I)．これらのタンパク質分子が，細胞に取り込まれると細胞間接着や細胞境界の収縮を司る．この収縮がさらに方向の指示を受けると，細胞はキラルな性質をもつようにもなる (II)．このような細胞は自分たちだけで集まり，シートや袋，チューブをつくり，さらにはこれらの組織が決まった方向に伸びたりねじれたりの形態形成を行う (III)．

それでは，私が関心をもった順に従って，細胞の性質 (II) に基づく細胞の集まりの形成 (III)，次にDNA情報からタンパク質 (I) を介しての細胞の性質の形成 (II) について述べる．

細胞の集まり (多細胞体) の形成

DNAからのタンパク質合成の機構が明らかになった1960年代には，タンパク質の働きと形の形成とはほとんどつながらなかった．当時実施可能だった形の研究方法の一つは，DNAからでなく形から逆に DNA の方にさかのぼるものであった．それは，形が形成される一つ前の段階から形への過程を明らかにすることだった．多細胞生物の形ならば前段階は細胞である．その細胞にいくつかの性質を仮定して，そのような細胞が集まったときにどんな形ができるかを，幾何学を含んだ数理で調べるのである．この研究は，物理学の分子や原子がひとりでに多様な物質をつくる過程についての研究をお手本にして（第 3 章参照），細胞が他からの指示がなくても，細胞たちが集まるだけで自律的に形ができるのを確認するという魅力的なものだった．つまり，細胞が形の自己構築を行うかどうかである．柔らかな細胞が詰め詰めになり押し合って多角形パターンができるところはディリクレ（ボロノイ）・ドメインとよばれる数学で記述できた．本書ではこれをセルセンター・モデルとよんで詳しく述べた（5.1 節参照）．上皮細胞が互いに接着し合って細胞シートができ，そのとき各々の上皮細胞の細胞境界を収縮することで，全体が張りつめて緊張した上皮シートになった．これは数理モデルであるバーテックス・ダイナミクスで扱うことができた（6.1 節参照）．多細胞動物の形の基本は上皮シートでできた閉じた袋であるのだが（第 4 章参照），この袋（胚盤胞）が自律的に形成されることをバーテックス・ダイナミクスを使ったコンピュータ・シミュレーションで示すことができた（6.2.4 項参照）．その仕組みは多面体細胞塊の細胞間の隙間に，細胞からの分泌液がたまり，この隙間が大きな空間になることであった．また上皮シートの細胞境界のうち特定方向のものが収縮すると仮定すると，細胞でできた球形の袋では，細胞が並び替えを起こし袋は変形する．袋がチューブ型ならば長く伸長する（7.3 節参照）．そしてチューブの軸に対して，同じ向きに斜めになっている細胞境界だけが収縮するとすれば（これはキラルな性質だが），チューブがねじれることも示すことができた（8.2 節参照）．ここで明らかになったのは，**細胞間の接着**や，**細胞境界の収縮**，**特定方向の細胞境界の収縮**，**キラリティー**などの細胞の性質を仮定すれば，多細胞体は自律的に形をつくることであった（図 9.1 (II) → (III)）．そうなら次の問題は，これらの細胞の性質を DNA 情報とつなぐことである．

DNA 情報–タンパク質–細胞の能力の形成

DNA 情報はメッセンジャー RNA を介してタンパク質に変換される．タンパク質はアミノ酸の連なったペプチド鎖が折りたたまって丸まったもので，そこにポケットのような特殊な領域ができ，この領域が**分子を選んで**特異的相互作用を行い（図 1.1(a)），また，化学反応を速やかに進める**触媒作用**を行う（図 1.1(b)）．さらにタンパク質の中には，特異的な作用を受けて構造が変わり，それまでマスクされていた触媒領域が露出して触媒活性をもつようになるものがある（図 1.1(c)）．これは，同じタンパク質が**活性あり/なし 2 つの状態**をもち，この状態 0 と 1 がスイッチするのである．これらのタンパク質のいくつかが連鎖していると，作用を受けて始まった活性化が次々に**シグナルとして伝わる**システムができる（図 1.1(d)）．また，細胞骨格のタンパク質では，F アクチンがアクチン顆粒の重合時に伸びる力を生じ（図 1.3(a)），また F アクチンがミオシンと共同して収縮力を発揮して（図 1.3(b)）**力を生成する**．タンパク質のこれらの能力（特異性と活性化スイッチ，シグナル伝達，伸長力と収縮力の生成）が，先に述べた細胞の性質（細胞間の接着や，細胞境界の収縮，特定の方向の細胞境界の収縮，キラリティーの発現）につながるところが重要なポイントとして煮詰められた．

一つひとつ検討してみよう．タンパク質分子が細胞間接着に働く仕組みの一つは，カドヘリン–カテニン複合体である（図 1.5(a)）．

細胞外に突き出た接着分子であるカドヘリンは p120 カテニン-β カテニン-α カテニンを介して細胞内の F アクチンとつながる．細胞間接着の力が大きいときには，α カテニンが構造を変えてビンキュリンと結合するようになり，ビンキュリンが新たな F アクチンとつながり結合を補強するというような高度な技ももつ（図 1.5(a) 右図）．細胞境界の収縮は，カドヘリンとつながった F アクチンがミオシンとともに作り上げた複合体（アクトミオシン）がつくったはちまきのような構造の収縮である．はちまき構造は 1 個の上皮細胞のアピカル領域側面 1 周を裏打ちしている（図 4.4）．これにより多角形の細胞境界が収縮し，上皮シート表面に緊張が生じる．アクトミオシンの収縮は，シグナル伝達タンパク質である Rho の活性化によってスイッチが入り，Rho-ROCK-ミオシン-アクトミオシン収縮の活性化経路が働いて起こる（**Box 4** 参照）．ここで特定方向の細胞境界収縮が起こるのは PCP（平面内細胞極性）を司るタンパク質が働いていたからである．ショウジョウバエの胞胚では，胚の前後軸に直角にペアルールの遺伝子群が発現し，この向きにならって Toll の発現が起こりこれが PCP を示した．またニワトリの神経管形成時には，PCP シグナルである Celsr1 がこのあとにできる神経管の軸に対して直角に発現し，これが Fz-Dvl-DAAM1-PDZ RhoGEF の活性化経路を経て低分子量 G タンパク質の Rho のスイッチが入り（p.140, **Box 8** 参照），Celsr1 の示した方向にアクトミオシンの強い収縮をもたらした（7.4 節参照）．こうした収縮力は上皮シートを曲げて円筒状の神経管をつくり，神経管は伸長した．

このようにして，円筒の軸に直角方向の細胞境界に強い収縮があると円筒が伸長した．このとき，強く収縮する細胞境界の向きがやや斜め（右肩下がり）であると，円筒が左巻きらせんにねじれた．初期胚の心臓チューブの左巻きらせんねじれ形成は，多細胞体の形態形成のなかでも特に不思議な現象だったが，このバーテックス・モデルによるシミュレーションの結果からすると，個々の心筋細胞の境界のうち強く収縮するものが右肩下がりであることで左巻きらせんになったといえる．すでに述べたが（8.3.2 項参照），心筋細胞の右肩下がりの異方性は実際に観察されている（Ray *et al*. 2018）．すなわち左巻きねじれは心筋細胞のキラルな性質によると示唆された．そうだとすると，細胞のキラリティーを決めるものが細胞内になければならない（当然それは DNA 由来のはずである）．この候補の一つとしてフォルミンが考えられたのである．フォルミンは，F アクチンの右巻きネジ構造を，キラルな動きに変換する機能をもったタンパク質であった（図 1.4(c)）．何かこのような類の仕組みが細胞にキラリティーを与えているのだろう．

まとめると，DNA 情報からできたタンパク質は，分子をえり分ける特異性と化学反応を進める触媒活性をもった物質にすぎない．これが活性のオン・オフの 2 状態をもち，シグナルとして伝わる系をつくった．ここで，形の形成にとって重要なことは，低分子量 G タンパク質 Rho などの経路により，シグナルが力の発生につながったことである．合図したら力が生じるような仕組みができたのである．これが PCP（平面内細胞極性）のシグナルとつながって，方向性のある力をつくるようになった．さらにはタンパク質の構造のキラリティーを動きのキラリティーに変換する機構があって，ねじれのような高度な形までつくるようになった．生物にとって最重要な DNA であるが，形とのつながりについてはこのようにようやく理解の筋道がつくようになった．

9.2 逐次的自己構築

以上のように細胞の性質は，タンパク質に選別能や触媒能があることでDNA 情報とつながった（図 9.1（II））．多細胞体の形はこのような能力をもつ細胞が行う自己構築と考えてよいのである．当初はどう考えてよいか見当もつかなかった難問題であった初期心臓のキラルなループ形成ですら，タンパク質に基づいた自己構築として理解できる見当がついた．

さて，多細胞動物の形を上皮シートでできた袋の変形したものとして捉えたが（第 4 章参照），複雑で巧妙な動物の形を目の当たりにしたときに，これらすべてが本当に細胞の自律的な形態形成でできるのだろうかと少々たじろぐ．このたじろぎに対しては，細胞の自律的形態形成が逐次的にいくつもの細胞世代にもわたって行われると考えてみたい．これまで述べてきた数理モデルを使って研究を振り返ると，細胞の集まりがシートでできた袋をつくるのだが，袋は球形から細長いものに変形し，さらに表面から内部へのシートの陥入が起こり，袋の内部に表裏が逆のチューブ構造ができる（神経管や消化管）．時には細長い袋がねじれを起こす．これらの袋づくり・伸長・陥入・突起などを第 4 章では形態形成の素過程とよんだ．この一つひとつの素過程が自己構築によってなされる．まず，DNA 情報により細胞の性質・能力ができて細胞が集まり，形をつくる．このステップが終わったあと，また別の DNA 情報により形の中の細胞は新たな能力をもち，別の細胞集合の形成を行う．この形成の連なりが逐次的自己構築である（**図 9.2**）．

動物の発生を大ざっぱに振り返ると，受精卵が上皮シートの袋である胞胚になり，その表面が陥入を起こして消化管や神経管ができる．肺や気管形成も陥入から始まる．またこのあとに突起が生じて肢脚ができる．消化管の腸管では表面に，さらに繊細な凸凹構造である絨毛やクリプトができる．このように形ができ，その形の中にまた形ができる構造を数学ではフラクタルとよび特有の解析がなさ

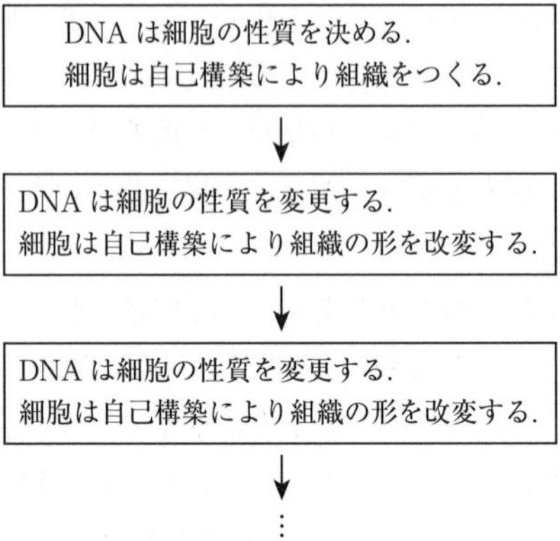

図 9.2　逐次的自己構築

細胞が細胞集団の形を自己構築し，次のステージで細胞は別の能力をもち，階層的に次の自己構築を進める．こうして逐次的に自己構築がなされ，巧妙な生物体ができあがる [Fig. 4, Honda & Nagai 2015 より翻訳].

れている．哺乳類の皮膚について解析を行ったことがある [Honda *et al*. 1996b]．上皮シートで囲まれた中胚葉組織では，ここでも個々の細胞が集まり，集まった細胞はチューブをつくり毛細血管網や血管分岐系をつくる．これらはすべて，細胞が行う自己構築である素過程の組み合わせでできると考えられる．素過程を行う細胞のいろいろな能力にはこれからも詳しい研究がなされ，そこで働くタンパク質の新たな機能が明らかにされるだろうが，いま DNA 情報から形づくりまでの大まかな道筋のいくつかは見当がつくようになったと考えている．

用語集

Angulin-1　3つの細胞が会合する多角形の頂点（vertex）に存在する膜タンパク質.

anisotropic contraction → 異方的収縮

apicobasal polarity → 頂底極性

aPKC（atypical protein kinase C）　リン酸基キナーゼである．これにPar6が結合することで複合体は活性化される．上皮細胞のアピカル極性の形成時に働くと考えられている．Box 7 参照.

Arp（actin-related protein）　F アクチンに枝分かれをつくる．図 1.4(a) 参照.

ATP（adenosine triphosphate）　生体内でエネルギーを運搬する分子.

BAR（Bin-amphiphysin-Rvs167）　脂質結合性タンパク質．細胞表面にくぼんだ凹面をつくる.

Bicoid タンパク質　ショウジョウバエ胞胚においてこの濃度勾配によって前後軸が決まる．Box 6 参照.

BS procedure → 境界短縮操作

cAMP（cyclic adenosine monophosphate）　環状アデノシン 3',5'-リン酸．細胞性粘菌の走化性を誘引する物質．Box 3 参照.

Cdc42　低分子量 G タンパク質の一つ．このスイッチがオンになると，いくつかのタンパク質が活性化して，F アクチンが結合タンパク質で架橋され，アクチン束からなる糸状仮足を誘導する．図 4.12 参照.

Cdx2（caudal-type transcription factor 2）　6.2.4 項参照.

CE（convergent extension）→ 収斂拡張

Celsr1　PCP シグナルを担うシグナル分子．脊椎動物のタンパク質．ショウジョウバエの Flamingo タンパク質に対応する．Box 8 参照.

chirality → キラリティー

DAAM1 (Dishevelled associated activator of morphogenesis 1) フォルミンの一つでもある．Box 8 参照．

Dirichlet model → セルセンター・モデル

Dll (Delta-like protein) 細胞膜にあるリガンド．Notch レセプターのある細胞と接触することでシグナルを伝達する．

DNA 4 種の塩基が並んだ情報分子．2 つの機能をもつ．それは複製により遺伝現象を担うことと，転写により細胞の活動に関与することである．

Dvl (Dishevelled) PCP シグナル経路のメンバー．Box 8 参照．

ECM (extracellular matrix) → 細胞外マトリクス

EGF レセプター (EGFR) EGF タンパク質などをリガンドとするレセプター．活性化された EGFR が Ras を活性化し，シグナル伝達経路を経て ERK の活性化に至る．Box 2 参照．

EGFR → EGF レセプター

Eph B タンパク質 リガンド・タンパク質エフリン B のレセプタータンパク質．図 1.5 (b) 参照．

ERK (extracellular signal-regulated kinase) MAP kinase. Box 2 参照．

Fz (Frizzled) Wnt タンパク質をリガンドとするレセプター・タンパク質．

GAP (GTPase-activating protein) GTPase 活性化タンパク質．G タンパク質を GTP 結合型から GDP 結合型に変え G タンパク質のスイッチをオフにする．

GDP グアノシン 2 リン酸．グアノシンに 2 個のリン酸基が結合した分子．

GDP/GTP 交換因子 → GEF

GEF (guanine nucleotide exchange factor) GDP/GTP 交換因子．低分子量 G タンパク質が GEF により GTP が結合した状態になると，この GEF が担当する低分子量 G タンパク質のスイッチがオンになり，下流のいくつかのタンパク質が活性化される．GEF が細胞内に局在していると細胞内のその特定の場所が特別な性質をもつことになる．

GTP グアノシンに 3 個のリン酸基が結合した分子．グアノシン 3 リン酸．

Hunchback　Box 6 参照.

I-BAR（inverse BAR）　脂質結合性タンパク質．細胞表面に突起した凸面をつくる．

IFNα → インターフェロン α

Ile → イソロイシン

invagination → 陥入

JAK（Janus kinase）　Box 1 参照.

MAP（mitogen-activated protein）　Box 2 参照.

MDCK 細胞（Madin-Darby Canine Kidney 細胞）　イヌの腎臓上皮由来の株細胞．上皮細胞の実験によく使われる．

Mek（MAP kinase kinase）　Box 2 参照.

MHC（myosin heavy chain）　ミオシン重鎖．Box 4 参照.

MLC（myosin light chain）　ミオシン軽鎖．Box 4 参照.

MLCK（myosin light-chain kinase）　MLC をリン酸化する酵素．Box 5 参照.

mRNA　メッセンジャー RNA．DNA から転写されてできたリボ核酸で，DNA 情報をリボソームに運ぶ．

Nodal　脊椎動物の初期胚で *Nodal* 遺伝子が体軸に非対称に，すなわち左側側板中胚葉に発現する．

Notch　細胞膜にあるレセプター．このレセプターのリガンドは Delta タンパク質．

PAK（protein kinase）　Box 5 参照.

Par3（partition defective protein 3）　極性に関与するタンパク質．ショウジョウバエの Bazooka とよばれるシグナル分子に対応する．Box 7 参照.

Par6（partition defective protein 6）　極性に関与するタンパク質．この変異が partition（非対称な分配）を障害することから名づけられた．Box 7 参照.

PCP（planar cell polarity）→ 平面内細胞極性

PDZ　足場タンパク質．このドメインをもつ 3 つのタンパク質の頭文字から名づけられた．Box 8 参照.

PIP_2　PI[4,5]P_2. phosphatidylinositol 4,5-diphosphate. Box 3 参照.

PIP$_3$　PI[3,4,5]P$_3$. phosphatidylinositol 3,4,5-triphosphate. Box 3 参照.

Pitx2　*Nodal* の下流で発現する遺伝子である.

pMLC　リン酸化された MLC. Box 4 参照.

PTEN (phosphatase and tensin homolog deleted on chromosome 10)　Box 3 参照.

Rac1　低分子量 G タンパク質の一つ. このスイッチがオンになると, いくつかのタンパク質が活性化して, F アクチンの網目構造ができ, 葉状仮足を誘導する. Box 5 参照.

Raf (MAP kinase kinase kinase)　Box 2 参照.

Ras　低分子量 G タンパク質の一つ. 情報伝達の下流に存在するいくつかのタンパク質を活性化するスイッチである. rat sarcoma virus から発見された.

RhoA, Rho　低分子量 G タンパク質の一つ. このスイッチがオンになると, いくつかのタンパク質が活性化し, たとえばアクトミオシン束の配列であるストレスファイバーや細胞接着斑を誘導する. Box 5 参照.

ROCK (Rho-associated kinase)　リン酸基転移酵素. Box4 参照.

Src タンパク質　sarcoma（肉腫）のタンパク質. 細胞外のシグナルを細胞内に中継する. レセプターからのシグナルにより, このタンパク質がチロシンをリン酸化する酵素となり, 細胞内のタンパク質を活性化する.

STAT (signal transducers and activators of transcription)　Box 1 参照.

TGFβ (transforming growth factor β)　トランスフォーミング増殖因子 β. 細胞増殖, 細胞分化などを誘導する生理活性をもったタンパク質.

Thr → スレオニン

Toll レセプター　Toll レセプターがペアルール遺伝子の発現に従って細胞境界に出現する [Pare *et al*. 2014]

Tricellulin　3 つの細胞が会合する多角形頂点（vertex）の周りに存在する膜タンパク質.

VAC (vacuolar apical compartment)　上皮細胞内にできた液胞でやがてアピカル細胞膜として外側に露出する. 図 4.9 参照.

Voronoi model → セルセンター・モデル

Wnt シグナル　ショウジョウバエの wingless と相同．Wnt タンパク質は進化的には前口動物と後口動物の分岐前から存在しているが，単細胞生物や植物には存在しない．前後軸形成に関わる．Frizzled タンパク質がレセプターであるが，他にも受容体（共役受容体）が知られている．Frizzled の下流に Dishevelled が続き，PCP シグナル経路につながる．また Wnt は幹細胞の維持にも関係している [菊池 2020]．

アクチン顆粒　アクチン・タンパク質と同義．図 1.3 参照．

アクチン・フィラメント → F アクチン

アクトミオシン　F アクチンとミオシンからなる構造体．ATP エネルギーを使って収縮力を発揮する．図 1.3(b) 参照．

アドヘレンス結合　細胞間の接着を担う分子複合体である．カドヘリンとカテニンからなる複合体で，アクチン骨格系，さらには微小管骨格系と連結している．

アドヘレンス・ジャンクション → アドヘレンス結合

アノイキス (anoikis)　細胞間あるいは細胞外基質との接着を失った細胞に生じる細胞死．

アピカル側 (apical)　頂端側．細胞の頂端側の表面は液体や気体の流体に接している．こちら側の細胞膜には aPKC や Par3 などのタンパク質が局在している．図 4.12 参照．

アロステリック調節　酵素タンパク質が他から作用を受け，構造を変えて触媒作用が変更になる．

アロメトリー　生物の体の大きさによらず，部分同士，または部分と全体の大きさや重量などとの間に見られる量的関係．

イソロイシン (Ile)　アミノ酸の一つ．図 1.2 参照．

異方的収縮 (anisotropic contraction)　空間での収縮はいろいろな方向で起こるのだが，その中で特定の方向で起こる収縮をいう．

インターフェロン α (IFNα)　タンパク質の一つで，細胞に対して抗ウイルス作用などの生理活性をもつ．Box 1 参照．

ウイルス　自身だけでは増殖しないが，細胞の増殖装置を使って自身を増殖させる有機体．

栄養芽層 → 胚盤胞

F アクチン　アクチン繊維．アクチン顆粒がらせん状に重合してできた繊維．図 1.3 参照．

エフリン B(ephrin B)　リガンド・タンパク質．レセプターは EphB タンパク質．図 1.5(b) 参照．

オートクライン　細胞からのシグナル分子の分泌により，自身の細胞がシグナルを受け反応するシステム．

蝸牛管　内耳にある聴覚器官で，音の高低を検知する．身体の左右で巻きの方向は異なっている．かたつむり管，渦巻き管ともよぶ．

角膜内皮細胞　眼の角膜内皮は扁平な内皮細胞一層からなる組織である．内皮細胞は上皮細胞の一種である．

活性化　本書ではタンパク質のスイッチが切り換わり，酵素活性を持つようになることをいうことが多い．Box 1 参照．

活性部位　ペプチド鎖が折りたたまれてできたタンパク質の特殊な部域で，特別な物質と特異的に結合したり，触媒作用をもったりする．図 1.1 参照．

カテニン　p120 カテニン，α カテニン，β カテニンなどがある．図 1.5(a) 参照．

カドヘリン　細胞間を接着するタンパク質分子の一つ．いくつかのカテニン・タンパク質分子を介して細胞内の F アクチンに力が伝わる．

慣性楕円の方法　平板の形や平面状の点の分布に基づいて平板や分布の主軸を決める方法である．平板や点分布の慣性楕円を求めその長軸を主軸とする．

陥入 (invagination)　本書でいう素過程の一つ．図 4.2 参照．

基底側 (basal)　細胞の表面の基底側は，コラーゲンやラミニンなどの細胞外マトリクスに接している．図 4.12 参照．

基底層　皮膚の最下層の上皮細胞からなる細胞層で，ここで細胞は増殖する．

基底膜　上皮細胞の基底側にある非細胞性の膜で IV 型コラーゲンやラミニン・タンパク質，プロテオグリカンなどからなる．

キネシン・タンパク質　微小管に結合し微小管に沿って動くモーター・タンパク質．

ギャップ遺伝子　分節遺伝子群の一つ．Box 6 参照．

境界短縮操作（BS procedure）　バーテックス・モデルの一つ．図 5.14 参照．

凝固熱　分子が固体を形成するときに余剰エネルギーとして発熱したもの．

凝固物質（血餅）　血液が凝固してできる．出血を止める．

キラリティー（chirality）　立体構造があってこれを鏡に映した像が元の像と重ならないとき，この構造はキラリティーをもつという．たとえばアミノ酸分子の L-アラニンと D-アラニンは互いにキラルである．本書では細胞などのマクロな構造に対してもこの用語を使った．8.1 節参照．

クラスリン　このタンパク質分子はトリスケリオンとよばれる 3 脚構造をもち，多数が重合して網目の構造をつくる．

クリプト　腸管の内壁にある陰窩．図 1.5(b) 参照．

グローバル・ダイナミクス　多角形パターンのネットワークのトポロジーは変えないで，境界条件の形を変形してポテンシャル U の最小状態を求めるダイナミクス．7.3 節参照．

血管内皮細胞　血管内壁を構成する上皮細胞．

血餅 → 凝固物質

ケラチン　中間径フィラメントの一つ．髪の毛，爪，皮膚の角質などの細胞にある．

合金　2 種以上の金属原子が集まりそれぞれドメインを形成している．ドメインは多角形パターンを呈する．

甲状腺小胞　甲状腺を構成する上皮細胞でできた小胞．

コラーゲン　アミノ酸の並びでできたペプリチ鎖が 3 重のらせん構造になった繊維．

細胞外マトリクス（ECM: extracellular matrix）　中胚葉組織の細胞間に存在する巨大分子．繊維状タンパク質（コラーゲンやフィブロネクチンなど）やプロテオグリカン（コアタンパク質に多糖類が結合したもの）からなる．上皮組織と中胚葉組織の間にある基底膜も含まれる．

細胞骨格　繊維状構造で，これが細胞の中で細胞の形や動きを支える骨格のように働く．F アクチンと微小管，中間径フィラメントが知られている.

サインポール　理髪店を示す細長い円柱の看板. 赤, 白, 青の縞模様が回転している.

G タンパク質　細胞内情報伝達を担うタンパク質で, GTP または GDT と結合することで活性がオン/オフする分子スイッチである. 情報伝達の下流に存在するいくつかのタンパク質を活性化する.

自己構築　ひとりでに秩序が生成される自己組織化の現象のなかで, 具体的な物体が構築されるものを本書では自己構築とよんだ. 図 9.2 参照.

脂質二重膜　水溶液中の懸濁物として, リン脂質分子が会合してできたもの.

糸状仮足 (filopodia)　細胞から出た突起構造. 1.3.1 項参照.

収斂拡張 (CE)　細胞集合体の中で個々の細胞の並び替わりがあって細胞集合体の全形が変わることがある. ある方向に細胞が収斂すると, そこでは混み合って一部の細胞はそこからはみ出る. このはみ出しは収斂方向に垂直になされ, 結果として細胞集合体は伸長する. これを細胞集合体の収斂拡張とよぶ. 図 7.1(a) 参照.

消化管形成　図 4.3 参照.

上皮　多細胞動物の個体や器官表面を覆う組織. 上皮細胞とよばれる細胞が平面に敷詰まったシートになっている. 4.1 節参照.

上皮陥入　消化管形成や気管形成時に上皮シートの局所が体内に落ち込む現象.

上皮細胞　上皮（上皮組織, 上皮シート）を構成している細胞で, 頂端側表面と基底側表面からなる頂底極性をもつ. 4.2 節参照.

触媒作用　化学反応を速やかに進めたあと, 自身は元の状態に戻る.

心筋細胞　心臓を形成する筋肉細胞.

神経管形成　図 4.3 参照.

伸長 (elongation)　本書でいう 素過程の一つ. 図 4.2 参照.

スレオニン　アミノ酸の一つ. 図 1.2 参照.

スレオニンデヒドラターゼ　アロステリック調節を受ける酵素タンパク質. 1.2.2 項参照.

正のフィードバック　入力があって結果が変化したとき, その変化をさらに強めるよう入力を制御すること.

セグメントポラリティー遺伝子　分節遺伝子群の一つ. Box 6 参照.

セプチン　重合性のある 3 量体 G タンパク質で, 重合して分子の多様な足場になる.

セルセンター・モデル (Dirichlet model)　細胞に中心を想定し, 細胞の集合を中心点の集合によって記述するモデル. 細胞パターンが 2D のときはディリクレ・モデル, 3D のときはボロノイ・モデルとよんでいる. 図 5.2 参照.

双曲放物面　微分幾何学で 3D 空間に記述される曲面. 図 8.1 参照.

側板中胚葉 (LPM: lateral plate mesoderm)　脊椎動物の胚において, 胚の左右にあって心臓, 平滑筋, 腎臓, 血液などの前駆細胞を形成する.

側方基底側 (basolateral region)　上皮細胞において apical region に対置するもの. Box 7 参照.

第 XII 因子 → ハーゲマン因子

タイト結合　上皮細胞同士がアピカル側近くの側面で形成する細胞間結合の一つ. 隣接 2 細胞間をタイトにふさぎ, 上皮シートのアピカル側空間と基底膜側空間を物質が通過しないようにする.

ダイニン・タンパク質　微小管に結合し微小管に沿って動くモーター・タンパク質.

胆細管　肝実質細胞間の隙間にできた細管. 管の内壁が肝実質細胞のアピカル面になり, 肝実質細胞の分泌液である胆汁が通る. 図 4.6 参照.

弾性エネルギー　物体を弾性体と見たとき, 物体の変形に伴うエネルギー.

逐次的自己構築　構成単位が集まって形を自己構築したあと, 発生過程で構成単位の性質が変わり, いったんできた形がさらに自己構築で形を変えるとき, これを逐次的自己構築とよんだ. 図 9.2 参照.

中間径フィラメント　アミノ酸の並びでできたペプチド鎖がらせん構造などをつくって集まり, できた構造体.

チューブリン　顆粒状のタンパク質で微小管の構成要素である.

チューリングモデル　アラン・チューリングがパターンの形成機構について考案した数理モデル. はじめは均一で特徴あるものが何も見えない場

に濃淡ができそれが強調されて鮮やかに見えるようになる現象を，シグナルの拡散と増殖の正のフィードバックを仮定してつくりあげた．2.4 節参照．

中肋　植物の葉の中央を走る太い葉脈．

頂端-基底極性 → 頂底極性

頂底極性（頂端-基底極性，apicobasal polarity）　上皮細胞がもつ極性．アピカル側と基底側が両極になる．図 4.12 参照．

チロシン　アミノ酸の一種．Box 1 参照．

つなぎ換え (reconnection)　本書でいう素過程の一つ．図 4.2 参照．

低分子量 G タンパク質　G タンパク質は 3 量体であるのに対し，1 量体の低分子量のものである．

ディリクレ・モデル → セルセンター・モデル

デスモゾーム　細胞間をスポット状に結合する装置で，細胞内で細胞骨格と結合しているが，この細胞骨格は中間径フィラメントである．

突起形成 (protrusion)　本書でいう素過程の一つ．図 4.2 参照．

トポロジー　本書では，点同士の結合関係に注目し，距離などの定量的な量は考えない数学のこと．

トルク　ねじりモーメント．回す力．

内部細胞塊 → 胚盤胞

並び替え　頂点のつなぎ換えによって細胞の並び替えが起こる．

ニッチ　細胞が存続可能な小さな隙間領域．生態学や経済学で使われる用語．

ハーゲマン因子（第 XII 因子）　血液中のタンパク質（セリン・プロテアーゼ）で，第 XI 因子を活性化する．

バーテックス・モデル　本書では 2 つのバーテックス・モデル，境界短縮操作 (BS procedure) とバーテックス・ダイナミクスについて述べている．

胚帯　胞胚の帯状の細胞群で，ショウジョウバエでは前後軸に伸長し，やがて胞胚内にもぐり込む．Box 6 参照．

胚盤胞　細胞でできた袋構造．栄養芽層細胞が袋をつくり，中に内部細胞塊と腔所（胞胚腔）ができる．細胞の単純な集まりである桑実胚からこれができる．6.2.4 項，図 6.14 参照．

肺分岐形成　図 4.3 参照．

バックリング（座屈）　構造物への加重を増やすと，急に変形の様子が変化し大きなたわみを生ずる現象．

パネート細胞 (Paneth cell)　小腸陰窩の基底部に位置し，小腸幹細胞と Wnt シグナルなどを介して幹細胞ニッチを維持している．

パラクライン　細胞からのシグナル分子の分泌により，近傍の細胞にシグナルを伝えるシステム．

微小管　チューブリンとよばれる顆粒状のタンパク質が円筒状に配列してできた構造．

ヒトデ胚　同じ棘皮動物に属するウニと似た胚で，実験にしばしば使われる．

ビメンチン　間葉系細胞（繊維芽細胞，血管内皮細胞，平滑筋細胞，横紋筋細胞，骨・軟骨細胞など）に特有の中間径フィラメントである．

表皮細胞　哺乳動物の皮膚の上皮細胞．扁平な細胞が重層している．

ビンキュリン　タンパク質の一つ．細胞にかかる力で α カテニンが変形すると，そこにこのビンキュリンが結合し，これを介して F アクチンが付加される．

フィードバック　制御工学では，入力した結果（出力）を見て次の入力に反映させる制御のこと．図 1.2 参照．

フィブリノーゲン　血漿のタンパク質で，トロンビンにより活性化されてフィブリンになる．

フィブリン　血液中の不溶タンパク質で，止血に働く．

フィラミン (filamin)　クロスした F アクチンに架橋をつくる．図 1.4(b) 参照．

フォルミン (formin)　F アクチンにアクチン顆粒を重合させるタンパク質で，F アクチンの伸長により，押し広げる力を発する．図 1.3(a) 参照．

負のフィードバック　設定値があって，結果（出力）をそれに近づけるように入力を制御すること．

プロテオグリカン　動物学ではコアタンパク質に多糖類（コンドロイチン硫酸，ヒアルロン酸など）が結合したもの．

分節遺伝子群　ギャップ遺伝子，ペアルール遺伝子，セグメントポラリティー遺伝子がある．Box 6 参照．

ペアルール遺伝子（pair-rule genes）　分節遺伝子群の一つ．Box 6 参照．

平面内細胞極性（PCP）　上皮細胞には頂端極性があるが，この極性に加えて，極性軸に垂直な平面の中でもう一つの極性を考える．個体の表面にある上皮細胞では，前後軸や胴体表面に沿っての背腹軸などに関わる．

ペプチド鎖　アミノ酸がペプチド結合により鎖状に配列したもの．

縫合線　植物の胚珠を保護するための心皮は葉に対応している．葉の縁同士がくっついた合わせ目を縫合線という．

胞胚　胚発生において上皮組織による袋が完成し，内部に腔所が生じている胚．

ボロノイ・モデル → セルセンター・モデル

ミオシン，ミオシン II　ATP を加水分解して得たエネルギーを使って，F アクチンに沿って動くモーター・タンパク質．

毛細血管　血管内皮細胞がアピカル面を内壁としてできた管．血管はこの外側に平滑筋などの細胞が取り巻いたもので，毛細血管とはこの点で区別される．

網膜色素上皮組織　眼球の網膜を構成する上皮組織．視神経層の外側にあって光を遮断し眼球内を暗箱にする．

モーター・タンパク質　エネルギーを使って動力を生ずるタンパク質．ミオシンやダイニン，キネシンが知られている．

葉状仮足（波打ち膜，lamellipodia）　細胞端から伸展する層状構造体．1.3.1 項参照．

ラテラル抑制（側方抑制）　この分子機構については 2.3 節参照．

ラミニン　基底膜を構成する主要タンパク質の一つ．

リガンド　レセプター（受容体）に作用する分子．

リボソーム　タンパク質とリボ核酸からなる巨大分子複合体で，mRNA の情報からタンパク質を合成する．

リポソーム　水溶液中にリン脂質分子が多数会合してできた膜構造が閉曲面になったもので，細胞膜の基本構造と考えられている．

リン酸化　本書では特定のタンパク質のチロシンやスレオニン，セリンのアミノ酸残基にリン酸基を付加する現象を指すことが多い．これによりタンパク質の活性が変化する．Box 4 参照.

レセプター（受容体）　細胞にあって他からのリガンドによりシグナルを受けるタンパク質でできた装置.

ロバストネス（頑強性）　ある系が外乱の影響によって変化することを，阻止する内的な仕組み.

参考文献

Adamska, M. *et al.* Wnt and TGF-β expression in the sponge Amphimedon queenslandica and the origin of metazoan embryonic patterning. *PLoS ONE* **2**, e1031 (2007)

Alberts, B. *et al.* "*Molecular Biology of the Cell 7th ed.*". Norton (2022)

Bertet, C., Sulak, L., Lecuit, T. Myosin-dependent junction remodelling controls planar cell intercalation and axis elongation. *Nature* **429**, 667–671 (2004)

Campos-Ortega, J.A. Cellular interactions during early neurogenesis of *Drosophila* melanogaster. *Trends Neurosci.* **11**, 400–405 (1988)

Coxeter, H.S.M. "*Introduction to Geometry*". Wiley, New York (1969)

ドーキンス，R. (1992)『利己的な遺伝子』(日高敏隆他 訳)．紀伊國屋書店

Desgrange, A., Le Garrec, J.F., Meilhac, S.M. Left-right asymmetry in heart development and disease: forming the right loop. *Development* **145**, 1–19 (2018)

Dirichlet, G.L. Über die Reduction der positiven quadratischen Formen mit drei unbestimmten ganzen Zahlen. *J. Reine Angewandte Mathematik.* **40**, 209–227 (1850)

Doe, C.Q. and Goodman, C.S. Early events in insect neurogenesis I. Development and segmental differences in the pattern of neuronal precursor cells. *Dev. Biol.* **111**, 193–205 (1985)

Dulyaninova, N.G. *et al.* Regulation of myosin-IIA assembly and Mts1 binding by heavy chain phosphorylation. *Biochemistry* **44**,

6867-6876 (2005)

Etienne-Mannreille, S. and Hall, A. Cell polarity: Par6, aPKC and cytoskeletal crosstalk. *Curr. Opin. Cell Biol.* **15**, 67-72 (2003)

Folkman, J. and Haudenschild, C. Angiogenesis in vitro. *Nature* **288**, 551-556 (1980)

Frisch, S. M. and Screaton, R. A. Anoikis mechanisms. *Curr. Opin. Cell Biol.* **13**, 555-562 (2001)

Frost, A. *et al.* The BAR domain superfamily: membrane-molding macromolecules. *Cell* **137**, 191-196 (2009)

Fürthauer, S. *et al.* Active chiral processes in thin films. *Physical Review Letters* **110**, 048103 (2013)

Furuse, M., Izumi, Y., Oda, Y., Higashi, T. and Iwamoto, N. Molecular organization of tricellular tight junctions. *Tissue Barriers* **2**, e28960 (2014)

Graybill, C., Wee, B., Atwood, S. X., Prehoda, K. E. Partitioning-defective Protein 6 (Par-6) Activates Atypical Protein Kinase C (aPKC)by Pseudosubstrate Displacement. *J. Biol. Chem.* **287**, 21003-21011 (2012)

Hasegawa, M. and Tanemura, M. On the pattern of space division by territories. *Ann. Inst. Statist. Math.* **28** B, 509-519 (1976)

Hatta, H., Honda, H., Fisher, J.B. Branching principles governing the architecture of *Cornus kousa* (Cornaceae). *Annals. of Botany* **84**, 183-193 (1999)

Hill, K. *et al.* Regulation of P-Rex1 by Phosphatidylinositol (3,4,5)-Trisphosphate and $G\beta\gamma$ Subunits. *J. Biol. Chem.* **280**, 4166-4173 (2005)

Hino, N. *et al.* ERK-mediated mechanochemical waves direct collective cell polarization. *Dev. Cell* **53**, 646-660 (2020)

Hirashima, T. Pattern formation of an epithelial tubule by mechanical instability during epididymal development. *Cell Rep.* **9**, 866-873

(2014)

Hirashima, T. and Matsuda, M. ERK-mediated curvature feedback regulates branching morphogenesis in lung epithelial tissue. *Curr. Bio.* **34**, 1–14 (2024)

本多久夫. 生物体の“かたち”の形成. 生物物理 **13** (2) 70–75 (1973)

本多久夫. 樹木の形を解析する. 自然 11 月号, 68–76 (1979)

本多久夫. 組織中の細胞の幾何学モデル. 自然 2 月号, 26–35 (1983)

本多久夫. シートが変形して生物体ができる, 小川泰・宮崎興二 編『かたちの科学』pp.15–44. 朝倉書店 (1987)

本多久夫.『シートからの身体づくり』中央公論社 (1991)

本多久夫.『形の生物学』NHK 出版 (2010)

本多久夫・江口吾朗. 培養皿上の細胞シート (2). 組織培養 **14**, 20–25 (1988)

Honda, H. Description of the form of trees by the parameters o fthe tree-like body: effects of the branching angle and branch length on the shape of the tree-like body. *J. Theor. Biol.* **31**, 331–338 (1971)

Honda, H. Pattern formation of the coenobial algae *Pediastrum biwae Negoro*. *J. Theor. Biol.* **42**, 461–481 (1973)

Honda, H. Description of cellular patterns by Dirichlet domains: the two-dimensional case. *J. Theor. Biol.* **72**, 523–543 (1978)

Honda, H. Geometrical models for cells in tissues. *Int. Rev. Cytol.* **81**, 191–248 (1983)

Honda, H. The world of epithelial sheets. *Dev. Growth Differ.* **59**, 306–316 (2017)

Honda, H. Left-handed cardiac looping by cell chirality is mediated by position-specific convergent extensions. *Biophys. J.* **120**, 5371–5383 (2021)

Honda, H. and Fisher, J.B. Tree branch angle: maximizing effective leaf area. *Science* **199**, 889–890 (1978)

Honda, H. and Fisher, J.B. Ratio of tree branch lengths: The equitable distribution of leaf clusters on branches. *Proc. Natl. Acad. Sci. USA* **76**, 3875–3879 (1979)

Honda, H., Morita, T., Tanabe, A. Establishment of epidermal cell columns in mammalian skin: computer simulation. *J. Theor. Biol.* **81**, 745–759 (1979)

Honda, H. and Eguchi, G. How much does the cell boundary contract in a monolayered cell sheet? *J. Theor. Biol.* **84**, 575–588 (1980)

Honda, H., Ogita, Y., Higuchi, S., Kani, K. Cell movements in a living mammalian tissue: long-term observation of individual cells in wounded corneal endothelia of cats. *J. Morphol.* **174**, 25–39 (1982)

Honda, H., Dan-Sohkawa, M., Watanabe, K. Geometrical analysis of cells becoming organized into a tensile sheet, the blastular wall, in the starfish. *Differentiation* **25**, 16–22 (1983)

Honda, H., Yamanaka, H., Dan-Sohkawa, M. A computer simulation of geometrical configurations during cell division. *J. Theor. Biol.* **106**, 423–435 (1984)

Honda, H., Yamanaka, H., Eguchi, G. Transformation of a polygonal cellular pattern during sexual maturation of the avian oviduct epithelium: computer simulation. *J. Embryol. Exp. Morphol.* **98**, 1–19 (1986)

Honda, H., Tanemura, M., Yoshida, A. Estimation of neuroblast number in insect neurogenesis using the lateral inhibition hypothesis of cell differentiation. *Development* **110**, 1349–1352 (1990)

Honda, H., Tanemura, M., Imayama, S. Spontaneous architectural organization of mammalian epidermis from random cell packing. *J. Invest. Dermatol.* **106**, 312–315 (1996a)

Honda, H., Imayama, S., Tanemura, M. A fractal-like structure in the skin. *Fractals* **4**, 139–147 (1996b)

Honda, H. and Yoshizato, K. Formation of the branching pattern of blood vessels in the wall of the avian yolk sac studied by a computer simulation. *Dev. Growth Differ.* **39**, 581–589 (1997)

Honda, H., Tanemura, M., Nagai, T. A three-dimensional vertex dynamics cell model of spacefilling polyhedra simulating cell behavior in a cell aggregate. *J. Theor. Biol.* **226**, 439–453 (2004)

Honda, H., Motosugi, N., Nagai, T., Tanemura, M., Hiiragi, T. Computer simulation of emerging asymmetry in the mouse blastocyst. *Development* **135**, 1407–1414 (2008a)

Honda, H., Nagai, T., Tanemura, M. Two different mechanisms of planar cell intercalation leading to tissue elongation. *Dev. Dyn.* **237**, 1826–1836 (2008b)

Honda, H. and Nagai, T. Cell models lead to understanding of multicellular morphogenesis consisting of successive self-construction of cells. *J. Biochem.* **157**, 129–136 (2015)

Honda, H., Hatta, H., Yoshida, A., Kodama, R. Orientation of twist of biological planes. *Symmetry: Art and Science*, 2019–11th Congress and Exhibition of SIS 106–109 (2019)

Honda, H., Abe, T., Fujimori, T. The Chiral looping of the embryonic heart is formed by the combination of three axial asymmetries. *Biophys. J.* **118**, 742–752 (2020)

Honda, H. and Nagai, T. "*Mathematical models of cell-based morphogenesis*". Springer (2022)

Horikoshi, Y., Suzuki, A., Yamanaka, T., Sasaki, K., Mizuno, K., Sawada, H., Yonemura, S., Ohno, S. Interaction between PAR-3 and the aPKC-PAR-6 complex is indispensable for apical domain development of epithelial cells. *J. Cell Sci.* **122**, 1595–1606 (2009)

Ikenouchi, J., Furuse, M., Furuse, K., Sasaki, H., Tsukita, S., Tsukita, S. Tricellulin constitutes a novel barrier at tricellular contacts of epithelial cells. *J. Cell Biol.* **171**, 939–945 (2005)

Inaki, M., Inaki, M., Hatori, R., Nakazawa, N., Okumura, T., Ishibashi, T., Kikuta, J., Ishii, M., Matsuno, K., Honda, H. Chiral cell sliding drives left-right asymmetric organ twisting. *eLife* **7**, e32506 (2018)

Ishii, M., Tateya, T., Matsuda, M., Hirashima, T. Retrograde ERK activation waves drive base-to-apex multicellular flow in murine cochlear duct morphogenesis. *eLife* **10**, e61092 (2021)

菊池章. Wnt シグナル研究の歴史と展望～その足跡と未来～. 生化学 **92**, 498–516 (2020)

小林禎作.『雪の結晶』 講談社ブルーバックス (1970)

黒田登志雄.『結晶は生きている』サイエンス社 (1984)

Kawahira, N., Ohtsuka, D., Kida, N., Hironaka, K.I., Morishita, Y. Quantitative analysis of 3D tissue deformation reveals key cellular mechanism associated with initial heart looping. *Cell Rep.* **30**, 3889–3903 (2020)

Keller, R.E. Vital Dye mapping of the gastrula and neurula of Xenopus laevis I. Prospective areas and morphogenetic movements of the superficial layer. *Dev. Biol.* **42**, 222–241 (1975)

Keller, R.E. The cellular basis of gastrulation in Xenopus laevis: Active, postinvolution convergence and extension by mediolateral interdigitation. *Am. Zool.* **24**, 589–603 (1984)

Keller, R. Cell Rearrangement in Morphogenesis. *Zool. Sci.* **4**, 763–779 (1987)

Kono, K. *et al*. Reconstruction of Par-dependent polarity in apolar cells reveals a dynamic process of cortical polarization. *eLife* **8**, e45559 (2019)

Kuranaga, E. *et al*. Apoptosis controls the speed of looping morphogenesis in *Drosophila* male terminalia. *Development* **138**, 1493–1499 (2011)

Lavalou, J. *et al*. Formation of polarized contractile interfaces by self-organized Toll-8/Cirl GPCR asymmetry. *Dev. Cell* **56**, 1574–1588.e7 (2021)

Loeb, A.L. "*Space Structures-Their Harmony and Counterpoint*".

Addison-Wesley, London (1976)

Matsuoka, S. and Ueda, M. Mutual inhibition between PTEN and PIP3 generates bistability for polarity in motile cells. *Nat. Commun.* **9**, 4481 (2018)

Menton, D.N. A minimum-surface mechanism to account for the organization of cells into columns in the mammalian epidermis. *Am. J. Anat.* **145**, 1–22 (1976)

Middlekoop, T.C. *et al.* CYK-1/Formin activation in cortical RhoA signaling centers promotes organismal left-right symmetry breaking. *Proc. Natl. Acad. Sci. USA* **118**, e2021814118 (2021) 10.1073/pnas.2021814118

Mizuno, H. *et al.* Rotational Movement of the formin mDia1 along the double helical strand of an actin filament. *Science* **331**, 80–83 (2011) 10.1126/science.1197692

Nagai, T. and Fuchizaki, K. Slow Relaxation in Evolving Cellular Structures. *J. Phys. Soc. Japan* **69**, 2727–2730 (2000)

Nagai, T. and Honda, H. A dynamic cell model for the formation of epithelial tissue. *Philos. Mag. B.* **81**, 699–719 (2001)

Nagai, T. and Honda, H. Computer simulation of wound closure in epithelial tissues: Cell-basallamina adhesion. *Phys. Rev. E.* **80** (6), 061903 (2009)

Naganathan, S.R. *et al.* Active torque generation by the actomyosin cell cortex drives left-right symmetry breaking. *eLife* **3**, e04165 (2014)

Naganathan, S.R. *et al.* Actomyosin-driven left-right asymmetry: from molecular torques to chiral self organization. *Curr. Opin. Cell Biol.* **38**, 24–30 (2016)

Narumi, T., Uemichi, K., Honda, H., Osaki, K. Self-organization at the first stage of honeycomb construction: Analysis of an attachment-excavation model. *PLoS One* **13**, e0205353 (2018)

西森拓・大内則幸．飛砂による地形の動力学：風紋と砂丘．物性研究 **61**

(1), 32-43 (1993)

Nishimura, T., Honda, H., Takeichi, M. Planar cell polarity links axes of spatial dynamics in neural-tube closure. *Cell* **149**, 1084-1097 (2012)

Nitsch, L., Wollman, S.H. Suspension culture of separated follicles consisting of differentiated thyroid epithelial cells. *Proc. Natl. Acad. Sci. USA* **77**, 472-476 (1980)

大宮徹.『まめがら』の植物学. とやまと自然 **32** (127), 2-5 (2009)

O'Brien, L.E., Jou, T.S., Pollack, A.L., Zhang, Q., Hansen, S.H., Yurchenco, P., Mostov, K.E. Rac1 orientates epithelial apical polarity through effects on basolateral laminin assembly. *Nat. Cell Biol.* **3**, 831-838 (2001)

Ogura, Y. *et al.* A switch-like activation relay of EGFR-ERK signaling regulates a wave of cellular contractility for epithelial invagination. *Dev. Cell* **46**, 162-172.e5 (2018)

Ohta, Y. *et al.* FilGAP, a Rho-and ROCK-regulated GAP for Rac binds filamin A to control actin remodeling. *Nat. Cell Biol.* **8**, 803-814 (2006)

Olson, M.F., Ashworth, A., Hall, A. An essential role for Rho, Rac, and Cdc42 GTPases in cell cycle progression through G1. *Science* **269**, 1270-1272 (1995)

Owaribe, K., Kodama, R., Eguchi, G. Demonstration of contractility of circumferential actin bundles and its morphogenetic significance in pigmented epithelium in vitro and in vivo. *J. Cell Biol.* **90**, 507-514 (1981)

Pare, A.C. *et al.* A positional Toll receptor code directs convergent extension in *Drosophila*. *Nature* **515**, 523-527 (2014)

Phillips, H.M., Steinberg, M.S., Lipton, B.H. Embryonic tissues as elasticoviscous liquids. II. Direct evidence for cell slippage in centrifuged aggregates. *Dev. Biol.* **59**, 124-134 (1977)

Postma, M. *et al.* Sensitization of Dictyostelium chemotaxis by phosphoinositide-3-kinase-mediated self-organizing signalling patches. *J. Cell Sci.* **117**, 2925–2935 (2004)

Prusinkiewicz, P. and Lindenmayer, A. "*The algorithmic beauty of plants*". Springer (1990)

Rahman, T., Zhang, H., Fan, J., Wan, L.Q. Cell chirality in cardiovascular development and disease. *APL Bioeng.* **4**, 031503 (2020)

Ray, P., Chin, A.S., Worley, K.E., Fan, J., Kaur, G., Wu, M., Wan, L.Q. Intrinsic cellular chirality regulates left-right symmetry breaking during cardiac looping. *Proc. Natl. Acad. Sci. USA* **115**, E11568–E11577 (2018)

Ribeiro, C., Neumann, M., Affolter, M. Genetic control of cell intercalation during tracheal morphogenesis in *Drosophila*. *Curr. Bio.* **14**, 2197–2207 (2004)

Rogers, C.A. "*Packing and Covering*". Cambridge University Press, Cambridge (1964)

Satake, K. and Honda, H. Evolution towards the solution of a shape optimization problem. *Forma* **17**, 253–274 (2002)

Sato, T. and Clevers, H. Growing self-organizing mini-guts from a single intestinal stem cell: Mechanism and applications. *Science* **340**, 1190–1194 (2013)

Shibata, T. *et al.* Modeling the self-organized phosphatidylinositol lipids signaling system in chemotactic cells based on quantitative image analysis. *J. Cell Sci.* **125**, 5138–5150 (2012)

Sirajuddin, M. *et al.* Structural insight into filament formation by mammalian septins. *Nature* **449**, 311–315 (2007)

Suzuki, A. and Ohno, S. The PAR-aPKC system: lessons in polarity. *J. Cell Sci.* **119**, 979–987 (2006)

高木隆司.『「かたち」の探究』ダイヤモンド社 (1978)

竹市雅俊.『あつまる細胞』岩波書店 (2023)

Takenaka, A. A Simulation Model of Tree Architecture Development

Based on Growth Response to Local Light Environment. *J. Plant. Res.* **107**, 321–330 (1994)

Tamada, M. *et al.* Toll receptors remodel epithelia by directing planar-polarized Src and PI3K activity. *Dev. Cell* **56**, 1589–1602.e9 (2021)

Tee, Y.H. *et al.* Cellular chirality arising from the self-organization of the actin cytoskeleton. *Nat. Cell Biol.* **17**, 445–457 (2015)

Tjhung, E. *et al.* Contractile and chiral activities codetermine the helicity of swimming droplet trajectories. *Proc. Natl. Acad. Sci. USA* **114**, 4631–4636 (2017)

Toda, S., Yonemitsu, N., Minami, Y., Sugihara, H. Plural cells organize thyroid follicles through aggregation and linkage in collagen gel culture of porcine follicle cells. *Endocr. J.* **133**, 914–920 (1993)

Toyooka, Y., Oka, S., Fujimori, T. Early preimplantation cells expressing Cdx2 exhibit plasticity of specification to TE and ICM lineages through positional changes. *Dev. Biol.* **411**, 50–60 (2016)

Vega-Salas, D. E., Salas, P. J. I., Rodriguez-Boulan, E. Modulation of the Expression of an Apical Plasma Membrane Protein of Madin-Darby Canine Kidney Epithelial Cells: Cell-Cell Interactions Control the Appearance of a Novel Intracellular Storage Compartment. *J. Cell Biol.* **104**, 1249–1259 (1987)

Voronoi, G. Nouvelles applications des paramètres continus à la théorie des formes quadratiques. Deuxième mémoire. Recherches surles parallélloèdres primitifs. *J. Reine Angewandte Mathematik.* **134**, 198–287 (1908)

Wassarman, P.M. Zona Pellucida Glycoproteins. *J. Biol. Chem.* **284**, 24285–24289 (2008)

Wei, Y. *et al.* β1-Integrin orients epithelial polarity via Rac1 and laminin. *Mol. Biol. Cell* **16**, 433–445 (2005)

Yonemura *et al.* α-Catenin as a tension transducer that induces adherens junction development. *Nat. Cell Biol.* **12**, 533–542 (2010)

Yusuf Ali, M. *et al.* Unconstrained Steps of Myosin VI Appear Longest among Known Molecular Motors. *Biophys. J.* **86**, 3804–3810 (2004)

Zallen, J.A. and Wieschaus, E. Patterned gene expression directs bipolar planar polarity in *Drosophila. Dev. Cell* **6**, 343–355 (2004)

Zhang, L. and Wei, X. The Roles of Par3, Par6, and aPKC Polarity Proteins in Normal Neurodevelopment and in Neurodegenerative and Neuropsychiatric Disorders. *J. Neurosci.* **42**, 4774–4793 (2022)

生物の形づくりの物理学

コーディネーター　巌佐　庸

ビワクンショウモという緑藻がある（図 2.3 参照）．30 個ほどの細胞が並んで花瓶敷のような形をつくる．遊走子細胞が，透明な袋の中で互いに平面に並び，隣の細胞との間でツノを出すことで，三角形の細胞が組み合わされた特有の形の群体となる．そのコンピュータ・シミュレーションを紹介した和文論文を読んだのは，私が学部生だった 1970 年代の初めのころだった．著者の本多久夫さんの所属は，京大理学部の物理学教室とあった．

物理学というと，素粒子，熱核融合，半導体，液体金属といった物質に関する科学と思っていたのに，このような生物に関係した研究もできるのかと驚いた．物理学では，とても複雑に見える現象の背後に，少数の単純な法則を見出す．それらを組み合わせて複雑な現実を理解するのだ．1970 年前後の物理学では，伝統的に物理学の対象とされてきた枠から出て，生物学などの現象にも同じアプローチで迫ろうとする機運が高まっていた．そのころ時計台で開催された湯川秀樹講演会に行ってみると，湯川先生は「素粒子論などは私たちが解決してしまう予定なので，若い人たちはもっと別のテーマ，たとえば宇宙や生物といった分野で新しいことを見つけるのが良いのでは」，と言われた．

しばらくして，本多さんの有名な「木の形」のモデルを雑誌で読んだ．ある枝（もしくは幹）に次の枝が加わることを繰り返すものだ．多様な樹木の形が，枝の長さの比率や角度など少数のパラメータで表される．複雑に見える生物の形の違いを決める情報は，それほど多くないのかもしれない，と述べられていた．「木の形」のモデルは，その後，世界中でさまざまに発展した．日本では，国立環境研究所の竹中明夫さんが詳しく研究された．より高い場所の葉によって光が遮られる効果も考慮し，孤立して生える樹木と多数が混み合って生育する鬱蒼とした森林とで，形が大きく変わるところも再現できる．それは，いまや森林生態学での古典的技法になっている．

本多久夫さんは，電子顕微鏡の第一人者であった江口吾朗先生と組んで，細胞がシートに並ぶときの細胞の形を理解する一連の論文を発表した．隣り合う細胞同士の境界をできるだけ短くするように変形していくと現実の細胞からなる組織の姿が表せるとする境界短縮モデルである．あとになって，それは3次元に拡張され，vertex dynamics（バーテックス・ダイナミクス）と呼ばれる組織や器官のシミュレータとして発展した．

本多さんは，その他にも，生物の組織の構築原理について，いくつものわかりやすい議論を展開された．動物の体が，2次元シートが折れ畳まれてできていることを，多数の例を挙げて示した．また，血管組織は，まず多数の細胞がランダムに集合して結びついて細かい網目構造をつくり，そのあと血液が流れながら，使用されない血管が間引かれ，よく流れる血管が太くなることにより，自律的につくられることを明らかにした．

本書に紹介される多様な数理モデルのほぼすべては，本多さんご自身が取り組まれたものである．そう言うと，細胞を単位として組織や器官，個体の形を作り上げるプロセスに現れる事柄について，本多さんは思いつくまま次々と取り組んだかのように感じられるかもしれない．しかしそこには一貫した問題意識がある．ビワクンショウモでは，どの細胞がどの細胞の隣にくっつくといったことは遺伝子では規定されていないが，最終的にできる群体の形はほぼ同じなのだ．DNA などの遺伝情報は，形そのものを規定するのではなく，形づくりのために必要な仕組みを規定する情報を与える．木の形については，ある枝に次の枝が付け加わるプロセスを何回も繰り返して適用することによってつくる．他にも，少数のルールから多様な形を作り出す基本原理をいくつか抽出し，本書で紹介している．

雪の結晶や石鹸の泡など，物理学で扱われている形づくりも簡単に紹介されている．生物と似た面，違った面があることが読みとれよう．新しい科学を進めるには，さまざまな既存の研究分野の違いを乗り越えることがときに役立つ．

もともと最先端の生物学研究は，野外に生育する動物や植物に名前をつけて記録していくことだった．そのうち生理学のように室内実験を進めて生物の体の仕組みを調べる研究も進んだ．20 世紀に入って生命の理解に特に目覚ましい貢献をしたものの一つは，生命機能を担う化学物質の研究，つまり生化学であろう．その成果である代謝経路やサイクルがすべて酵素反応で媒介されていることなど，とても印象的だ．生化学反応システムには，多数の化学物質が含まれ，それらの間で遷移する反応を触媒する酵素も数多くある．重要な生化学反応を担う物質（タンパク質）を特定しその性質を調べる化学が，生命現象の理解に迫る最も重要なアプローチであった．

1970 年前後には，生物学でも「物理学的アプローチ」で新しい側面を開こうとする機運が高まった．1 つには，分光スペクトルや核磁気共鳴・X 線結晶解析といった計測技術，電子顕微鏡や限外顕微鏡をはじめとするさまざまな観測装置に興味が持たれた．他方で，情報理論や数理モデルが生物学に大きく貢献してくれるのではないかとの期待もあった．そのころ，物理学で活躍していた研究者が生物学の教室に移って新しい研究を始めることも多かった．

1970 年代の後半になると，生命機能を担うタンパク質，そしてその設計図にあたる遺伝子を扱う方法が発展した．DNA の塩基配列を決めるのは非常に大変ではあったが，ようやく可能になってきた．たとえばカドヘリンという細胞間の接着を決めるタンパク質が同定された．それまで動物の発生において，異なる組織の細胞同士がどうやって互いを見極めているかについては憶測でしかなかった．しかし，組織ごとに異なるカドヘリン分子をもつことにより接着力が違うことがわかると，実に明確なプロセスとして理解できるようになった．また，ある発生ステージで胚の頭から尾に向けて性質の違いをもつようになり，それをもとにそれぞれが何に分化するかが決まるというアイデアがあったものの，その「勾配」が何に基づくのかわからなかった．それがあるシグナル分子の濃度勾配のことだとなると，仕組みの理解はとてもわかりやすくなる．その分子の濃度勾配がどうしてつくられるのか，そしてそれを制御しているのは何か，とたどることで，以前には神秘的にも思えた発生現象が，明確に理解できることになった．

こうして重要な分子を発見することが発生の理解を格段に進めることが明らかになった．その後もタンパク質や遺伝子を扱う手法が確立し，1980 年代からいまに至るまで，爆発的に進歩してきた．発生だけでなく免疫生物学も神経脳科学も，現代の生命科学では，このような分子生物学を基盤とする研究分野になっている．

その一方で，1970 年前後に盛り上がっていた数理モデリングや物理学的アプローチへの期待は，下火になった．しかし本多さんは，その間もたゆむことなく，組織をつくるにはどういう仕組みがありうるか，器官の形成をどうシミュレーションすればよいか，力が働くことをどう表現すればよいか，などずっと考え続けた．そして，先のような自律分散的な制御による形づくりの基本原則を，1つずつ見出していった．

分子生物学に基づいた爆発的な研究進展のおかげで，いまでは発生での形づくりの多くのステップに関わる重要な遺伝子があらかた特定され，それらを組み合わせて発生現象は格段によく理解できるようになった．しかし発生の理解には，3次元の形をつくる基本を知る必要がある．遺伝子の情報だけでは，形づくりのすべてを理解することはできない．その解決に，物理学や数理モデルが役立つのではないかという期待が最近になって再び盛り上がってきた．本多さんがコツコツと積み上げてきた工夫や考え方が，再び最先端になっているのだ．

そうなった理由には，生命機能を担っている遺伝子がかなり解明されてきたことに加えていくつかある．ゲノムの情報を素早く読みとれるようになったこと．計算機が格段に速くなり，近似的に2次元モデルの計算をしていたものが，3次元モデルがすいすいと扱えるようになったこと．さらにイメージングなど画像の情報がふんだんに得られるようになり，空間的構造や場所ごとに働く力などの説明が求められるようになったこともある．

組織の変形を計測し，細胞に働く力を求める．それから，細胞は周りからの影響で受動的に変形するだけでなく，力を受けると自らの遺伝子発現を変えて周りに力を及ぼす「能動的」反応をすることもわかってきた．それぞれの細胞に働く力，組織の変形，細胞の遺伝子発現の変化，細胞が周りの組織に及ぼす力などを計測し，ルールを抽出して時空間的パターンを理解し予測するという実験と理論を組み合わせる研究が，メカノバイオロジーとして最先端の花形分野となり脚光を浴びている．それらの情報を組み合わせるには幾何学や代数学も取り込んだ新しい数理が必要とのことで，さまざまな理論計算や数理モデル，データ解析が開発されている．考えてみればそれは，1970 年前後に期待されていた「物理学的アプローチ」そのものだ．

昨年の発生生物学会で本多さんは vertex dynamics による心臓発生のシミュレーションについて報告した．生物物理学ジャーナル *Biophysical Journal* の最新号には，その論文が掲載されている．そして物理学者の長井達三博士と共著で書かれ，Springer-Nature から出版されたばかりの書物を見る．

樹木の形のモデルも，vertex dynamics も，さまざまな話題は本多さんが最初に手がけられたものだ．それらは，それぞれの分野に深く定着したため，若い研究者は昔からある手法とだけ見なしている．考えてみれば，著者の本多さんは，20 歳前後から 60 年間，休むことなく生物の形づくりへの物理学的アプローチのパイオニアであり続けてきた．その間，研究の流行を追いかけることはなく，自分が解きたい問題を自分の考えで進めてこられたのだ．

現在，臓器や組織の発生異常，がんの形態からの診断，復元して再生医療など，動物の形の形成について，さまざまなコンピュータ・シミュレーションに基づいた手法が開発されつつある．環境の復元についても，森林や植生のダイナミクスについてのモデル計算がなされている．医学や環境学など，人類に役立つさまざまな研究の最先端において，生物の形づくりに関連したシミュレーションの基盤には，本多さんがずっと以前に開発された手法に基づくものが幅広く使われている．自分が解きたい問題を 1 人でコツコツと解いてきた研究者の歩みが，数十年後の人々の生活に大きな恩恵をもたらした例の一つだ．

もしこのあとがきから読み始められた読者がいれば，本多さんの歩みの基盤にある，真実を知りたいとする研究への情熱と意欲について，本文から直接読みとってほしい．

索　引

【あ】

【か】

【さ】

【た】

【な】

【は】

memo

memo

memo

memo

memo

著　者

本多久夫（ほんだ ひさお）

1971 年　京都大学大学院理学研究科博士課程単位修得退学（物理学）

現　在　兵庫大学名誉教授，神戸大学医学研究科客員教授，理化学研究所客員主管研究員，理学博士

専　門　発生生物学，理論生物学

コーディネーター

巌佐　庸（いわさ よう）

1980 年　京都大学大学院理学研究科博士課程修了

現　在　九州大学名誉教授，理学博士

専　門　数理生物学

共立スマートセレクション 41

Kyoritsu Smart Selection 41

DNA からの形づくり

——情報伝達・力の局在・数理モデル

A Pathway of Morphogenesis from DNA: Signal Transduction, Anisotropic Force and Mathematical Modeling

2024 年 3 月 30 日　初版 1 刷発行

検印廃止

NDC 463.7

ISBN 978-4-320-00941-7

著　者　本多久夫　© 2024

コーディネーター　巌佐　庸

発行者　南條光章

発行所　**共立出版株式会社**

郵便番号　112-0006

東京都文京区小日向 4-6-19

電話　03-3947-2511（代表）

振替口座　00110-2-57035

www.kyoritsu-pub.co.jp

印　刷　大日本法令印刷

製　本　加藤製本

一般社団法人

自然科学書協会

会員

Printed in Japan